Edizioni PensareDiverso
Cenacolo Jung Pauli

CENACOLO
JUNG PAULI

Bruno Del Medico
Boken illustreras av Elisabetta Del Medico.

Alla färger av kvantförtrassling

Från Platons grottmyt till Carl Jungs synkronicitet till David Bohms holografiska universum. Kvantfysik avvisar materialism och avslöjar universums andliga komponent.

edizioni@delmedico.it

Sammanfattning av boken.

Inledning

Boken är uppdelad i tre delar. I den första delen (intuitionerna) behandlar författaren de mest relevanta hypoteserna om den märkbara världens illusoriska verklighet. Förekomsten av en medvetenhetsnivå som överskrider materia har planerats av de stora tänkarna. Vi finner denna idé i Platons myt om grottan, i Berkeleys "immaterialistiska teori", i "Psykologi av formen" (Gestaltpsychologie). Den mest auktoritativa källan ligger i arbeten om det kollektiva omedvetna och om teorin om synkronicitet av Carl Jung.

I den andra delen (Bekräftelser) beskriver författaren på ett elementärt men detaljerat sätt kvantfysikens väg, från Thomas Youngs dubbla slitsexperiment till fenomenen överläge av tillstånd och kvantkorrelation. Genom dessa privilegierade nycklar är det möjligt att förstå kvantförtrassling. I den tredje delen (Perspectives) beskriver författaren teorier som utvecklats av David Bohm om "kvantpotentialen" på det "implicerade och explicerade universum" och om kosmos holografiska vision. Allt förklaras med absolut enkelhet, utan användning av matematiska formler och med hjälp av många illustrationer.

Mänskligheten har, från dess ursprung, velat undersöka tings ursprung och sammansättning, för att upptäcka deras funktion och deras intima syfte.

Den allmänt använda metoden är att bryta ner objekt i mindre och mindre delar och sedan analysera dem med alla möjliga tekniker, från visuell undersökning till kemiska reaktioner. Detta händer fortfarande idag. Till exempel, om en forskare vill upptäcka den kemiska och fysiska strukturen hos en kub av granit, kommer han att bryta den i mindre och mindre bitar tills den delas in i enskilda atomer.

Men om forskaren själv vill undersöka de enskilda partiklarna som utgör atomen, får han en otrolig överraskning. Granitkuben beter sig som en isbit. Forskaren ser saken som blir flytande, förångas, försvinner mellan fingrarna. Materien blir energi som vibrerar.

De enskilda partiklarna omvandlas till fluktuerande vågor utan mer kroppslighet.

På subatomär nivå är materia inte längre materia, det blir något annorlunda. Elementära partiklar bedrar oss.

De ser ut som solida fläckar om någon observerar dem, men de beter sig som vibrerande vågor när de inte observeras.

Atomer innehåller praktiskt taget bara vakuum.

På ytan tror vi att vi kan röra, väga, manipulera och mäta materia. Men i sin mest intima sammansättning blir materia en krusning av tomhet, energi, information, våg eller vibration. Det som verkar vara fast material i sin mest intima väsen är inte längre fast material.

Vid denna tidpunkt är det uppenbart att vi inte längre kan tala om en enda verklighet. Beroende på observationsnivåerna, från det extremt lilla till det oändligt stora, finns det många verkligheter, alla olika men alla helt sanna.

Eller kanske finns det många aspekter av en högre verklighet, fortfarande okänd. Alla filosofier och religioner har alltid antagit en "andens zon" som överskrider materien; ingen har emellertid någonsin kunnat bevisa sin existens. Idag öppnar kvantfysik ett stort fönster mot horisonter som vi fram till förra seklet inte kunde ha föreställt oss. Bekräftelserna kommer från experiment som genomförts framgångsrikt, särskilt de som hänför sig till fenomenet kvantförtrassling.

Idag vet vi att det finns en verklighetsnivå som inte längre är föremål för Newtons fysik. Materiens fysik är inte längre tillräcklig för att beskriva universum.

Kvantfysik visar förekomsten av en nivå där energi och information tar över materia. Detta är den så kallade "icke-lokala" nivån. Vi kan definiera det som en psykisk eller andlig nivå. På denna nivå samverkar en universell intelligens med mänskligheten. Kommunikationsvägarna med det intelligenta universum passerar genom det kollektiva omedvetna som Carl Jung teoretiserade.

Jungianska synkroniciteter vägleder oss i ett kulturellt evolutionärt projekt. Det är ett projekt som vi börjar bli medvetna om.

Första delen. Föregångarnas insikter

Oförklarade fenomen

Enligt vissa kända luftfartygstexter kan hornet inte flyga på grund av kroppens form och vikt i förhållande till ytorna på sina vingar. Men hornet vet inte, och fortsätter därför att flyga.

(Igor Ivanovich Sikorsky, rysk flygpionjär)

Guinness rekordbok innehåller många konstigheter. Bland dessa ovanliga nyheter finns det en mycket speciell nyhet. Detta är rankningen som hänför sig till par tvillingar födda vid olika tidpunkter. Guiness listar par tvillingar som är födda med störst tidsfördröjning mellan dem.

Till skillnad från vad man kan tänka sig, består detta intervall inte av timmar eller dagar, utan till och med månader. Till exempel födde Sandra Beveridge från West Lothian, ett skotskt län 2000, tvillingar med 28 dagars mellanrum. Peggy Lynn, en dam från Pennsylvania, gjorde det ännu bättre. 1995 födde Peggy tvillingar födda med 84 dagars mellanrum. Men det nuvarande rekordet tillhör Maria Jones-Elliot som födde Amy i Irland 2013 och födde sin tvilling Katie efter 87 dagar.

Läkarna anger att detta är mycket sällsynta fall. Dessa fall uppstår bara när tvillingarna växer i separata placentasäckar.

Kvantrelaterade tvillingar.

Det finns en intressant aspekt som övertygade mig om att nämna rekordet av försenade tvillingfödda. Det är det faktum att boken "The Guinness Book of Recods" föddes från pennan från två författare. De hette Ross och Norris McWhirter, och de var också tvillingar. Dessa två tvillingar huvudpersonerna i en "omöjlig" händelse.

Guinness är för närvarande den tredje bästsäljande boken i världen, efter Bibeln och Koranen. Denna

bok representerar den praktiska utvecklingen av en idé som föddes på ett helt avslappnat sätt under en jakttur som ägde rum den 4 maj 1951.

En av deltagarna i jakten var Sir Hugh Beaver, vd för Guinness Breweries i Dublin.

Sir Beaver misslyckades med att slå några fåglar med det nyfikna namnet "Golden Plovers". Fåglarna var snabbare än hans gevär och flydde med stor hastighet så snart de kände jägarens närvaro.

Detta besvär utlöste en debatt mellan Sir Beaver och de andra jägarna för att avgöra vilken fågel som var snabbast.

Under de efterföljande dagarna fortsatte Sir Beaver, som uppenbarligen inte var särskilt upptagen med rollen som administratör, att fundera över problemet. Så småningom kom han till slutsatsen att många, precis som han, skulle vara intresserade av att inte bara veta vilken fågel som var snabbast utan någon annan typ av excellens i olika föreställningar. Han bestämde sig därför för att skapa en bok där alla kunde få tillgång till denna typ av information.

Innehållet i boken skulle vara en samling primater i olika aktiviteter. Följaktligen sökte Sir Beaver hjälp från två specialister inom friidrottssektorn, bröderna Ross och Norris McWhirter, och gav dem i uppdrag att skriva boken.

Boken kom ut för första gången den 27 augusti 1955 med de två brödernas signatur. Titeln var "The Guinness Book of Recods". Boken fick omedelbart den rungande framgången som fortsätter idag. (Figur 1). Uppenbarligen blev författarna mycket välkända, så händelserna i deras liv är väldokumenterade och bevittnade.

Tvillingbröderna Ross och Norris McWhirter.

Ross och Norris föddes den 12 augusti 1925 till William McWhirter, redaktör för Sunda Pictorial och Margaret Williamson. 1950 blev de båda sportsjournalister. En vän till dem, löparen Christopher Chataway, var anställd vid Guinness Brewery.

Figur 1 - Tvillingarna Norris (vänster) och Ross McWhirter (höger) författare till den första upplagan av "The Guinness Book of Recods". De två var huvudpersonerna i ett otroligt fall av extrasensorisk kommunikation.

När Christopher fick veta att administratören Hugh Beaver letade efter kompetenta människor för att göra en bok om primater rekommenderade han tvillingarna. De två fick omedelbart uppgiften att skriva boken.

På 1960-talet blev Ross politisk aktivist för det konservativa partiet. Oavsett svåra tider stödde han många restriktiva lagar som antogs av Storbritannien mot den irländska befolkningen.

Han befordrade till och med en belöning på 50 000 £ till alla som lämnade användbar information för arresteringen av en IRA (irländsk republikansk armé) -cell. Vid den tiden genomförde IRA många attacker i London. IRA betraktade Ross McWhirter som en direkt fiende.

Den 27 november 1975 dödade två medlemmar av IRA journalisten. De två väntade på honom när han kom hem. När han kom avfyrade de två skott mot honom med en revolver. Klockan var 6.45 på eftermiddagen.

Samtidigt som Ross dödades, var hans tvillingbror Norris cirka 45 kilometer bort och pratade med några människor.

Plötsligt grep Norris sitt eget huvud i händerna, som om hans huvud sprängde.

Till förvåning för de närvarande var han nästan svimmad. Klockan var 6.45 på eftermiddagen.

De närvarande personerna vittnade om det. Vittnesbördet dokumenteras av forskaren Guy Lyon Playfair i sin bok "Twin Telepathy":

> ”Tidigt på kvällen den 27 november 1975 avfyrade två beväpnade män två skott mot författaren och TV-personligheten Ross McWhirter. Angreppet inträffade medan offret stod på tröskeln till sitt hem i norra London. Han fördes till sjukhuset men förklarades död strax efter ankomsten. Ett ögonvittne som var tillsammans med sin tvillingbror Norris McWhirter gav mig detta vittnesbörd: "Samtidigt som Ross sköts fick Norris en dramatisk reaktion, nästan som om han hade drabbats av en osynlig kula."

Detta är inte det enda fallet med en tvilling som, på långt avstånd, reagerar på händelser som involverar den andra tvillingen..

Thelma Furness.

Thelma Morgan, född i Schweiz den 23 augusti 1904, var dotter till Harry Hays Morgan, en amerikansk diplomat som tjänstgjorde som USA: s konsul i Buenos Aires och Bryssel. Thelma och tvillingsyster Gloria föddes till Laura Delphine Kilpatrick. (Bild 2).

Laura Delphine var barnbarnet till en unionsgeneral och, genom sin mormor, var en ättling till det spanska kungahuset Navarra.

Därför hade tvillingsystrarna alla förutsättningar för att delta i det bästa samhället av tiden. Thelma blev älskarinna till prinsen av Wales, den framtida kungen Edward VIII.

Faktum är att Thelma föregick Wallis Simpson i Edwards hjärta. Senare, för kärleken till Wallis, avstod Edward dock tronen och blev hertig av Windsor.

Under sitt förhållande med prins Edward 1929 gifte sig Thelma med en adelsman, grevst Marmaduke Furness. Äktenskapet varade inte länge men tillät henne att bära titeln Viscountess Furness under hela sitt liv. Under det korta äktenskapet födde Thelma William Anthony.

Thelmas tvilling Gloria gifte sig med Reginald Claypoole Vanderbilt.

Trots sina olika och händelserika liv behöll de två systrarna ett starkt psykiskt band.

Detta band manifesterades starkt när Thelma, som var gravid med William Anthony, födde sitt barn i förtid. Vid den tiden var han i Melton Mowbray, Storbritannien.

Vid den tiden var hennes syster Gloria på andra sidan havet, i New York, så hon var helt omedveten om för tidig födelse.

Men samtidigt som det som hände med hennes tvillingsyster upplevde Gloria också svår buksmärta, precis som om hon själv var tvungen att föda ett barn.

Gloria fick omedelbart hjälp men det var inte möjligt att fastställa orsaken till hennes smärta.

Först senare var det möjligt att koppla Glorias smärtor till Thelmas födelse, som ägde rum samtidigt.

Gloria delade mystiskt i Thelmas problem som om hon var en med sin syster. Föreningen var inte bara psykisk utan också fysisk.

De två fallen jag nämnde är mycket kända. Det finns rikliga och tillförlitliga bevis för dessa fall. Dessa fall bekräftar att vissa par tvillingar, på grund av ett mystiskt band som upprättats genom gemensam födelse, kan dela fysiska känslor på ett sätt som strider mot varje elementär fysiklag. Detta är tydligare när vi överväger avståndet mellan tvillingarna när fakta händer.

Berättelsen och vittnesmålen i dessa fall gör det svårt att argumentera för att dessa är fiktiva berättelser. Dessa avsnitt är så väl dokumenterade att de också nämns på webbplatsen CICAP (italiensk kommitté för kontroll av anspråk på Pseudovetenskap).

Denna förening har gjort det till sitt uppdrag att bestrida och diskreditera alla anspråk som rör extrasensoriska fenomen. CICAP katalogiserar emellertid de fall som beskrivs som "sensoriska tillfälligheter" och definierar dem som "avgjort sensationella fall".

Faktum är att tvillingarnas berättelser visar en stor överensstämmelse med några typiska aspekter av subatomära partiklar. Kvantfysik har visat att två korrelerade partiklar, det vill säga förenas av speciella förhållanden (vanligtvis föddes de från en gemensam händelse) förvärvar förmågan att förbli "medvetet" ansluten på vilket avstånd som helst, som om de vore en enda partikel. Vi kommer att prata om detta i bokens andra del.

Figur 2 - Thelma Morgan, Viscountess Furness (till höger) med sin tvilling Gloria. Medan Thelma i Storbritannien befann sig i en för tidig födelse kände hennes syster Gloria, i New York, samma smärtor.

Materie, bara materia, ingenting annat än materia.

"Materialister och galna tvivlar aldrig."
(Gilbert Keith Chesterton)

Enligt nuvarande vetenskap finns det saker som "kan vara" och andra som "inte kan vara".

Den första är alla de saker som kan vägas, mätas och reproduceras i laboratoriet. Bland dessa saker förstår vi också relaterade effekter, såsom magnetism och tyngdkraften.

Alla andra fall, som börjar med extrasensoriska fenomen, är resultatet av illusion eller vidskepelse, och deras anhängare är fuskare eller i bästa fall lider av psykiska störningar och bör utsättas för medicinsk behandling. För att stödja denna avhandling söks absurda förklaringar som gränsar till det löjliga. Hur som helst nekas förekomsten av dessa fenomen.

Det måste sägas att den vetenskapliga gruppen vilar denna inställning på uppenbarligen solida fundament, det vill säga på kända fysiska lagar. Dessa lagar har upprättats och konsoliderats i några århundraden. Det här är de lagar som vi själva kan verifiera om vi observerar världen omkring oss med våra vilseledande sinnen. Jag kommer att försöka kort sammanfatta de materialistiska teorierna.

Monism och materialistisk reduktionism.

Begreppet monism är mycket gammalt, det går tillbaka till 500-talet f.Kr., specifikt till Parmenides filosofi. Termen "monism" användes 1734 av den tyska filosofen Christian Wolff, som i sitt arbete "Rational psychology" definierar "monists" som de som "erkänner en enda typ av substans".

Monism skiljer sig från dualism eller pluralism, enligt vilken helheten kan hänföras till två eller flera typer av ämnen. Några typiska dualismer är:

- psyke / materia
- sinne / kropp.

Materialistisk vetenskap reducerar all verklighet till en enda typ av substans, materia. Samtidigt utesluter materialism all psykisk eller andlig närvaro. Endast allt som är fysiskt är verkligt. Sinnet, tanken, medvetandet är bara resterna av kemiska processer som äger rum i hjärnan.

För övrigt specificerar vi att det inte bara finns materialistisk monism; till exempel finns det också en monism som kallas idealist. Detta kallas "mentalism", och det står precis tvärtom: endast den mentala aspekten är verklig.

Båda dessa positioner är felaktiga mot bakgrund av de senaste kvantfysiska upptäckterna, vilket vi kommer att se senare i boken. I själva verket förnekar båda att det kan finnas ett universum där materia och psyke (eller ande) samarbetar harmoniskt i ett stort kreativt projekt.

Determinism och kausalitet.

Enligt dessa principer är universum en maskin som fungerar som en klocka. Allt är etablerat, allt är bestämt. Varje händelse, varje förändring av ett objekt är funktionellt för dess position, dess initialhastighet och de materiella krafter som finns runt det.

Ett frö absorberar näringsämnen från jorden och producerar en grodd. Fröet skjuter groden uppåt med en viss kraft. Om styrkan är tillräcklig bryter groden jordskorpan och dyker upp, annars dör den under jorden.

När en skott dyker upp från marken skjuter rötternas styrka uppåt.

Vid den tiden kan han tävla med omgivande växter i absorberande solljus och regn. Allt fungerar som en klocka, växten växer med en rad mekanismer, som växten absolut inte är medveten om.

Om jag kastar en sten följer den en väg som bestäms av dess vikt och den kraft som jag kastade den med. Om stenen träffar ett föremål ger det träfföremålet ett tryck som är proportionellt mot den energi som finns. Det kommer aldrig hända att en sten kastar sig självständigt, eller att ett objekt rör sig, om det inte stimuleras av ett annat objekt.

Därför orsakas varje åtgärd av en annan åtgärd. Varje handling ärver styrka från den åtgärd som orsakade den och distribuerar styrka till efterföljande åtgärder.

Detta är mycket användbart för aktuell vetenskap eftersom det gör att du kan bestämma positionen för varje objekt i universum när som helst och förutse beteendet hos maskiner och industriell utrustning. Maskinerna, om de får rätt energi, kan utföra exakta funktioner upp till en tusendel av en millimeter för att uppnå önskat resultat.

René Descartes delade verkligheten i mind-matter dualism och förutspådde därmed begreppet determinism, vilket utesluter behovet av ett sinne. Begreppet utestängning av sinnet till förmån för materiens unika egenskaper utvecklades senare av Isaac Newton och Pierre Laplace, i hans bok om himmelsk mekanik. (Mécanique céleste, 1805).

Detta var den första boken som inte nämnde Gud som skapelsens orsak. Kejsaren Napoleon själv blev förvånad och frågade Laplace: "Varför nämnde du inte Gud i ditt arbete?”.

Laplace svarade "Det är en hypotes jag inte behövde".

Kausalitet förnekar absolut möjligheten att det finns ett kreativt projekt där människan deltar. Mänsklig intelligens är en värdelös biprodukt av materien. Allt fungerar bra utan behov av intelligens av något slag..

Kontinuitet och tidens riktning.

Vetenskapens uttalande är att varje händelse orsakas av en annan händelse. I sin tur provar varje händelse andra. Detta innebär konceptet att alla förändringar och all dynamik i universum sker kontinuerligt, utan paus, i en karusell som började med Big Bang och aldrig kommer att ta slut. Dessutom sker all denna kontinuerliga utveckling endast i en riktning, enligt tidens pil som bara går framåt.

Vi kallar "tidsriktning" ett fenomen så att ett fysiskt system kan utvecklas från ett initialt tillstånd till ett efterföljande tillstånd vid en given tidpunkt, men aldrig kan återgå till det ursprungliga tillståndet.

Verkligheten som vi uppfattar den kallas makroskopisk nivå. På denna nivå är vi underkastade lagen om entropi. Denna lag säger att röran bara kan öka med tiden. Så om du bryter ett glas kommer du säkert att kunna bryta varje bit längre. Glöm dock att de olika bitarna kommer att återanslutas för att bilda det friska glaset igen.

Märkligt nog kan vi se att detta endast gäller på makroskopisk nivå. Å andra sidan, på mikroskopisk nivå, är nästan alla fysiska processer symmetriska. Ekvationerna som beskriver dem visar att de skulle fungera mycket bra både framåt och bakåt i tiden.

Konstigt, enligt principen om kausalitet kan vetenskapen förutsäga exakt beteendet hos universum omkring oss. Men samtidigt förnekar vetenskapen att vi i förväg kan veta vad som kommer att hända nästa i våra personliga liv. Därför avvisar vetenskapen förekomsten av föranledningsfenomen. Det vill säga vetenskapen hävdar att den kan förutsäga framtiden för universum, men förnekar möjligheten att förutsäga framtiden för den enskilda individen.

Begreppet "icke-lokalitet"

Alla fenomen och deras effekter är lokaliserade, det vill säga de förekommer i en viss del av rymden. Dessutom sprids de med en hastighet och tid som kan mätas exakt.

En fjärråtgärd mellan två objekt utan förmedling av en "fysisk kraft" som förbinder dem är omöjlig. Det är nödvändigt att "något" förenar de två objekten genom att korsa utrymmet som skiljer dem under en viss tid. Denna kraft minskas när avståndet ökar.

Materialföremål har en hastighetsgräns på cirka 300 000 kilometer per sekund. Ingenting kan överstiga denna hastighet. Detta avgör till exempel att kommunikation mellan rymdsatelliter och planetens yta kan försenas till och med mycket.

Om ett utbrott inträffar på Solens yta kan vi först se det efter åtta minuter. Det är den tid det tar för ljuset från explosionen att resa till jorden. Så, om du råkar titta på solen, vet att det är solen från åtta minuter sedan. Under tiden kan solen ha exploderat, men vi vet först efter åtta minuter.

Den här funktionen förhindrar att en viss åtgärd som vidtas på ett ställe har samtida effekter på en annan plats.

Så, för att ta ett rumsligt exempel, kan vi anta att om en galen asteroid rymmer Oortmolnet och går rakt mot planeten Jorden, kommer vi att ha åtminstone några år att utveckla defensiva strategier.

I den meningen har vetenskapen entusiastiskt accepterat Einsteins bekräftelse, enligt vilken lokalitetsbegreppet förblir giltigt även inom relativitetsteorin.

Lyckligtvis förhindrar gränsen för ljusets hastighet att asteroiden flyr samman med en omedelbar påverkan på vår planet.

På makroskopisk nivå, det vill säga i universums dimensioner, förhindrar de kända fysiska lagarna att detta händer. Vårt dagliga liv äger också rum på makroskopisk nivå. Den "lokala lagen" garanterar oss att om makan, i samband med en familjetvist, kastar en tallrik på oss, har vi tid att röra oss.

Som vi kommer att se, på subatomär nivå, är dock "lagen om icke-lokalitet" i kraft. På denna nivå skulle potten slå oss i samma ögonblick som den kastas, oavsett vårt avstånd.

En objektiv verklighet.

Den materiella världen är helt oberoende av mänskligt tänkande, det vill säga medvetandet. Medvetandet har ingen vikt eller massa och kan därför inte flytta ett objekt på avstånd, som en biljardboll kan. Ingen bearbetning av medvetandet kan modifiera materia eller påverka den.

Ändå finns det situationer på den subatomära nivån där observatören, med sin vilja och därför med sitt samvete, bestämmer verkligheten. Med sin observationsmetod kan observatören fastställa naturen hos ett subatomärt objekt, det vill säga han kan fastställa om objektet är en våg eller en partikel. Inte bara det, observatören kan bestämma objektets beteende. Därför finns det på den subatomära nivån en annan objektiv verklighet. Vi kommer att verifiera denna aspekt i kapitlet tillägnad experimentet med dubbla slitsar.

De illusoriska symtomen.

Sempre secondo i sostenitori del materialismo, tutto ciò che non è materiale è un prodotto indesiderato della materia fisica.

La coscienza, il pensiero, i sentimenti, l'amore o la pietà sono manifestazioni accessorie, "spurie" della materia, e la loro presenza o assenza non incide sull'esplicazione dei fenomeni reali. I fenomeni possono esistere solamente se sono correlati fisicamente alla materia stessa. La spiritualità e tutte le elaborazioni mentali sono prodotti di scarto dei procedimenti chimici che avvengono nella materia cerebrale.

Ja, dock, Gödels fullständighetssats ..

Så mycket vetenskaplig säkerhet ifrågasätts omedelbart av vetenskapen själv. Kurt Friedrich Gödel var en österrikisk naturaliserad amerikansk matematiker, logiker och filosof, mest känd för sina verk om ofullständigheten av matematiska teorier.

Satsen som bär hans namn säger i grunden en sak. Varje algoritmiskt system som används för att testa en matematisk princip visar sig vara ofullständigt eller motsägelsefullt, eftersom det oundvikligen kommer att innehålla en del som inte kan bevisas.

Detta händer när algoritmen är tillräckligt detaljerad.

Fysiska lagar är också matematiska. Därför är de baserade på matematiska algoritmer som oundvikligen innehåller en del som inte kan demonstreras logiskt, som dock fungerar.

Detta innebär att när en matematiker utarbetar en algoritm lämnar han det logiska systemet för att fånga en matematisk sanning som överskrider det sammanhang där det logiska förfarandet och beviset gäller.

Denna sanning existerar redan, men den kan inte "fångas" i formeln. Verkligheten uppfattas och används instinktivt utan att kunna göra den "systematisk".

Därför, om fysikens lagar styr materiens beteende, måste det erkännas att de innehåller element som existerar på förhand, som överskrider den materiella världen.

Denna idé kallas "matematisk platonism" eftersom Platon redan hade förstått att den materiella världens beteende är föremål för matematiska symboler som inte tillhör det logiska förfarandet utan den arketypiska världen.

Sinn och hjärna.

Är universum inget annat än en massa materia, eller har det sitt eget medvetande, som de äldsta kulturerna alltid har sagt?

Är vårt medvetande en biprodukt av hjärnkemi eller kommer det från det universella medvetandet?

Teorin för de flesta kulturer är att "universellt medvetande" är källan från vilken hela skapelsen strömmar. Allt lever och allt är ett.

Denna uppfattning att vi kan definiera mystisk har förnekats och förkastats av de vetenskapliga kulturerna under de senaste århundradena. Det är en kultur som utvecklades nobelt under upplysningen men sedan blev fördärvad i materialism.

För närvarande tror majoriteten av vetenskapliga kretsar att sinnet bara är en skapelse av hjärnan. människan skulle bara vara en maskin som, som en sekundär effekt, har förvärvat förmågan att bearbeta tankar och känslor. Om vi hade maskiner som kunde analysera hjärnan på djupet, kunde vi med säkerhet fastställa vilken kemisk reaktion som skapar känslan av att ha en själ, att älska vår mor eller att tro på existensen av evigt liv.

Materialismens hopp är att vi en dag kan utveckla ett "hjärntvättmedel" som hämmar bildandet av dessa irriterande kemiska reaktioner, vilket frigör mänskligheten från all vidskepelse.

Därför betraktar vetenskapen fenomenet att livet börjar från botten, det vill säga från materien som en primär grund. Materiet samlas i molekyler och celler, som utvecklas och stiger på den evolutionära stegen under ledning av ett DNA som spontant föddes av en slump.

DNA som genereras av en slump genererar slumpmässigt hjärnan. I hjärnan genererar elektrokemiska stimuli arrangemang som får kroppens maskineri att fungera. Som en biprodukt genererar hjärnan också drömmar, känslor, känslor, kreativitet och allt vi kallar sinnets aktivitet.

Omvänt, alla de stora andliga traditionerna tar hänsyn till livets fenomen som börjar uppifrån, inte underifrån. För det första finns det en universell medvetenhet som allt kommer från, i första hand livet.

I varje livsform fortsätter det universella medvetandet att vara närvarande, och varje livsform har sin egen individuella medvetenhet. Individuell medvetenhet är ett fragment av det universella medvetandet. Från det universella medvetandet härrör all skapelse, inklusive materia. Materium är också genomsyrat av universell medvetenhet. Tack vare detta aggregeras frågan harmoniskt enligt ett projekt som ligger utanför det fysiska materialet.

Myten om grottan.

Vi kan förlåta ett barn när det är rädd för mörkret. Livets verkliga tragedi är när en man är rädd för ljuset.
(Platon)

Hur tillverkas en stol?

Det har alltid funnits en kulturell ström som genom att korsa de olika tankedisciplinerna, från filosofi till andlighet till modern vetenskap, har stöttat illusionen av den verklighet vi lever i. Teorier om de mest olika genrerna har skapats. I dikten "On Nature" hävdar Parmenides att den fysiska världens mångfald och förändringar är illusoriska. Som vi kommer se föreslår Platon i "Republiken" den berömda myten om grottan. Senare i tiden kommer George Berkeley att hävda att vi har en känsla av att saker faktiskt existerar men i verkligheten är saker bara abstraktioner. Enligt Berkeley finns det inga materiella objekt, bara idésamlingar.

Fram till för några decennier sedan ansågs dessa vara "nyfikna eller fantasifulla teorier".

Idag har kvantfysik visat att detta är idéer med absolut sin egen värdighet.

I själva verket undersöker vi "saker" på vår makroskopiska nivå och anser att de är konkreta. Men om vi undersöker "sakerna" i det oändligt lilla, verkar "sakerna" helt annorlunda.

En stol verkar för oss utan tvekan vara ett fast objekt. Stolen i sig, undersökt på nivån av atomerna och de subatomära partiklarna som utgör den, blir en uppsättning vibrationer spridda i ett enormt tomrum. All materia, undersökt i sin subatomära sammansättning, har dessa egenskaper. Allt som verkar påtagligt, vägbart och mätbart för oss är endast sådant som en funktion av det som uppfattas av våra sinnen. Därför visar sinnena oss ett illusoriskt och imaginärt kosmos. Sinnena fungerar på detta sätt för att tillåta oss att leva och interagera med miljön omkring oss. Detta hindrar inte allt från att vara en gigantisk illusion som är storleksanpassad om vår fysiska. I grund och botten bor vi i ett dockhus med alla möbler och möbler anpassade efter våra behov och behov.

Utanför huset är allt väldigt annorlunda. Som huvudpersonen i en berömd Shakespeare-tragedi säger: "Det finns fler saker i himlen och på jorden, Horace, än vad din filosofi föreställer dig." (Hamlet, akt I, scen V).

Enligt några överraskande experiment kan allt vi uppfattar som "verklighet", inklusive våra egna kroppar, vara resultatet av interaktioner som sker mellan vårt medvetande och stimuli av något slag som uppfattas av våra sinnen.

Figur 3 - Platon (Aten, 428/427 f.Kr. - Aten, 348/347 f.Kr.), var en gammal grekisk filosof. I Timaeus diskuterar han förhållandet mellan naturens värld och idévärlden.

I praktiken omarbetas visionen om verkligheten som omger oss helt av vårt medvetande. Vi vet väldigt lite om denna verklighet, om hur den verkligen är.

Så vad är verkligheten egentligen? Om vi hänvisar till vad vi kan röra, lukta, smaka eller se, är vi på en falsk väg. Alla dessa "sensationer" är endast kemiska, elektriska eller andra signaler. Våra sinnen uppfattar dessa signaler och skickar dem till hjärnan. Hjärnan konstruerar sedan en bild enligt lite kända procedurer.

Om vi tittar på ett träd framför oss uppfattar sikten sin form och skickar det till hjärnan. Bilden av trädet är byggd i hjärnan. Hjärnan tillskriver trädets form färger, dofter, struktur och andra egenskaper. Utöver den bearbetning som produceras av hjärnan vet vi inte hur trädet skapas, inte heller vad dess färger är, och vi vet inte heller om det i verkligheten är färgat

Platon och sökandet efter kunskap.

Platon var en gammal grekisk filosof. Tillsammans med sin lärare Sokrates och hans elev Aristoteles lade han grunden för västerländsk filosofisk tanke. (Bild 3). Han föddes i Aten av aristokratiska föräldrar: hans far Aristone hade bland sina förfäder den sista kungen i Aten, Codro, medan det sägs att hans mor, Perictione, härstammade från lagstiftaren Solon.

Hans far gav honom namnet Aristocles, vilket var samma namn som hans gymnastiklärare. Därefter gav Aristocles honom smeknamnet Platon, både för axlarnas bredd och för att undvika att studenten hade samma namn som läraren.

Enligt vittnesbördet från Apollodorus i Aten föddes Platon i början av den 88: e grekiska olympiaden, dvs. i slutet av maj 428 f.Kr.

Platon hade två bröder, Adimanto och Glaucone, som nämns i hans arbete "Republic". Han hade också en äldre syster med det nyfikna namnet Potone.

Speusippus, son till Potone, berömde den intelligens och det fantastiska minne som Platon visade när han var barn.

Platon deltog i tre militära expeditioner under det peloponnesiska kriget till Tanagra, Korinth och Delio.

Efter att ha träffat Sokrates förstörde Platon alla sina poetiska kompositioner och ägnade sig helt åt filosofin.

Mötet med Sokrates var grundläggande för Platons personlighet. Platon led för att den atenska demokratiska regeringen anklagade sin lärare för hädelse och korruption av de unga.

Sokrates dömdes till döds år 399 f.Kr.

Efter Sokrates försvinnande lämnade hans lärjungar, inklusive Platon, Aten för att ta sin tillflykt till Megara.

Från och med 395 började Platon skriva de första "dialogerna". I dessa skrifter behandlar han det kulturella problemet som Sokrates figur representerar och hans orättvisa fördömande. Platon kritiserar hårt sofisternas funktion. Sofisterna var "mästare i dygd" som fick betalt för att skänka sina läror, för vilka de kallades "kulturprostituerade".

År 387 återvände Platon till Aten; och köpte en park tillägnad Academo. I denna park grundade han en skola som han kallade "Academy".

Akademin hade sina rötter i vetenskapen. Han implementerade en viss undervisningsmetod som kallas dialektik. Undervisningen ägde rum genom debatter, där eleverna själva deltog, regisserade av Platon eller av de äldre studenterna. Ibland höll akademin föreläsningar av berömda personer som passerade Aten. Platon dog 347 f.Kr.

Platonisk filosofi.

Enligt Platon består människan av två delar. Den första delen består av en kropp, oåterkalleligen kopplad till den förnuftiga världen. Därför följer människokroppen samma öde som allt som tillhör denna värld, såsom växter och djur.

Den andra delen av människan är själen, som består av samvete och förnuft. Denna del är inte gjord av materia och därför är den odödlig, för den kan inte sluta med fysiskt förfall.

Platon bekräftar existensen av idévärlden. Denna värld existerar precis som världen av materiella saker existerar. Idévärlden är den privilegierade platsen för själens existens och kan observeras av människan genom förnuftet.

Själar stannar i idévärlden och väntar på att bosätta sig i en kropp. I denna väntan mognar själarna en perfekt kunskap om idéerna. Men när själarna sjunker ner i en kropp glömmer de denna kunskap, eller snarare behåller de bara ett svagt minne av den. Därför är alla former av lärande som utvecklas i människors liv inte ett nytt förvärv av information, utan en process för att påminna om redan kända saker, även om de har glömts bort.

Den konceptuella grunden för Platons filosofi utvecklas i olika dialoger som "Meno", "Phaedo" och "Teeteto". I dessa verk förnekar han att sökandet efter kunskap är omöjligt, som "Eristi" -filosoferna hävdar i sina antaganden, vilka kan sammanfattas enligt följande:

- Låt oss anta att du inte vet vad du letar efter. Om du hittar det kommer du inte att känna igen det som målet för din sökning.
- Om du redan vet vad du letar efter, är din sökning inte meningsfull.

Platon löser problemet genom att motsätta sig sin idéfilosofi mot dessa antaganden:

- Syftet med forskningen är endast delvis okänt, för varje människas själ överväger de ursprungliga idéerna före födseln, men glömmer dem sedan. Följaktligen är målet för människans forskning kunskap som redan finns i honom, även om den är bortglömd.

Myten om grottan.

För Platon är idéerna perfekta och oföränderliga och existerar med avseende på kroppen, därför kan de inte härledas från sinnena (syn, hörsel, lukt och så vidare). Sinnena är ofullkomliga verktyg i kroppen. Han använder myten om grottan för att förklara detta koncept. Detta är en plats för fängelse för män som tvingas se på en vilseledande verklighet, skuggorna reflekteras på bakväggen. De verkliga bilderna finns utanför grottan, i solens ljus, det vill säga mot bakgrund av förnuft och kunskap som inte förmedlas av sinnena; tyvärr vet inte fångarna.

Platon föreslår detta som är den mest kända av hans myter i bok VII i hans verk "Republic" och avslöjar det genom en dialog mellan Sokrates och lärjungen Glaucon. Dialogen sker mer eller mindre så här:

> "Nu Glaucon, föreställ dig det mänskliga tillståndet som liknar en sådan situation som jag beskriver för dig. Tänk dig att vissa män stannar i en underjordisk bostad i form av en grotta. Ingången, öppen för ljuset, är lika bred som hela munnen i hela grottan. Män är låsta här sedan barndomen med kedjor runt fötterna och nacken, så att de inte kan röra sig och bara kan se rakt fram. Bakom dem lyser en eld som brinner på en kulle. En väg ner från kullen. En liten mur går längs vägen. "
>
> - "Jag föreställer mig det." Sa Glaucone.
>
> - "Och nu Glaucone, föreställ dig också att längs denna låga vägg finns människor som bär

verktyg och föremål av alla slag, som överstiger väggens höjd."

Glaucone svarade: "Så konstigt den här bilden och vilka konstiga fångar!"

Sokrates sa vidare:

"Visst, fångarna ser konstiga ut, men de liknar oss. Tror du att de har sett något i sitt liv, förutom skuggorna som kastas av elden längst ner i grottan? Och hur kunde de ha, tvingade som de är att hålla huvudet ständigt orörligt? om de kunde prata om deras tillstånd, är det inte sant att det huvudsakliga diskussionsämnet skulle vara skuggorna som visas längst ner i grottan? "

"Ingen tvekan."

"Så fångarna skulle tro att skuggorna av dessa föremål var den enda existerande verkligheten."

"Det är absolut så."

"Tja, om någon släppte dessa fångar ur sina kedjor, vad kunde hända? Om en fånge plötsligt kunde stå upp och se sig omkring och gå runt och titta på ljuset, vad skulle hända?

Förmodligen på grund av bländningen skulle fången inte kunna överväga världen omkring honom.

Tror du inte att den fånge skulle bli förvirrad? Fången kan dra slutsatsen att skuggorna, tidigare synliga, var sannare och bekvämare än det ljus som nu gör honom blind. Tror du inte att så är fallet? "

Grottmyten representerar en perfekt analogi mellan fångarnas tillstånd och vårt tillstånd. Genom att analysera mytens symbolik kan vi skapa några paralleller:

- De kedjade fångarna representerar oss, i den meningen att de representerar oss själva.
- Grottans interiör är vår empiriska värld, det vill säga den dagliga världen av vår upplevelse.
- Kedjorna som fängslar oss är de fem sinnena. Sinnena är absolut ofullkomliga verktyg som tvingar oss att se en falsk verklighet.
- Skuggorna som visas längst ner i grottan är drömmar, rädslor, fantasier och illusioner. Dessa bygger på den övergripande falskheten i situationen.
- Att befria sig från kedjorna för att se verkligheten och solens ljus, innebär att befria sig från sinnets konditionering.

Denna konditionering är inte filosofisk utan fysisk. Vi kan bara höra och se inom de smala gränserna för möjliga frekvenser, vi kan smaka inom gränserna för sött och salt. Därför kan vi bara ha begränsad information om objekt. Vi kan utvärdera deras hårdhet och värme på ett helt grovt sätt. Samtidigt kan vi inte förstå någonting om den grundläggande sammansättningen av de molekyler och atomer som utgör materia.

Sinnena måste befrias från kedjorna. Befrielse kan inte vara fysisk, för vi kan inte tvinga sinnena att fungera annorlunda. När allt kommer omkring måste vi vara tacksamma för sinnena för att de fungerar, för de gör det möjligt för oss att interagera med den makroskopiska verklighet där vi lever.

Därför måste befrielsen vara intellektuell. Vi måste bygga medvetenheten om att det finns en verklighet "där ute". Sinnena tillåter oss inte att se denna verklighet. Denna verklighet kan dock upplevas med förnuft.

På medvetenhetsnivå kan vi erkänna att alla sanningar som förnekas av sinnena, till exempel andlighet, själen, idéernas psykiska dimension och en intelligens som beställer kosmos är rätt där ute och kan bryta sig in i vårt samvete. Detta kan hända trots att vi i vardaglig upplevelse förblir kedjade av de fysiska sinnena.

Fångarna har aldrig sett något annat än sina skuggor, så de tror att skuggorna är verklighet. Men en fånge bryter sig fri och ser sig omkring. Han ser föremålen och verktygen som passerar över väggen och förstår att de är mer verkliga än skuggorna. Han kommer ut ur grottan och bländas av solen. Han känner att allt utanför grottan är mer sant. Han undrar var ljuset kommer ifrån och inser att ljuset ger helheten mening. Ljus representerar kunskap och idén om gott och skönhet.

Men Platon tilldelar inte skuggor ett helt negativt värde. Stigen som leder ut ur grottan börjar direkt från skuggorna. Skuggor är relaterade till verkliga föremål. Enligt Plarone finns framför allt "Idéerna". Från "Idéerna" härleds föremålen för den förnuftiga världen. "Idéerna" är de "psykiska arketyperna", dvs "urmodellerna". Föremålen, som framstår för fångarna som skuggor, är formade på dessa modeller.

Hela Platons filosofi har många likheter med "teorin om arketyper" och "teorin om det kollektiva undermedvetna" som utvecklats många århundraden senare av Carl Jung.

Figur 4 - Några personligheter som har uttalat teorier mot materialism (foto från webben).

Toppfoto: Hans Driesch och Ernst Schumacher.

Nedersta foto: Gottfried W. Von Leibniz och Henri-Louis Bergson.

Från Platon till "vitalism".

Vitalism utvecklades mellan 1700- och 1800-talen, i kölvattnet av neoplatoniska idéer och renässansfilosofi. Enligt denna tankeström utvidgas Platons idéer till hela naturen och blir en konstituerande del av varje enskild organism och av allt som finns. Därför animeras hela kosmos av en intelligent princip, världens själ. (på latin "Anima Mundi").

Denna filosofiska term indikerar naturens vitalitet i sin helhet, med tanke på att den liknar en enda stor levande organism. Därför är det kosmos enande princip. Enskilda organismer tar form från honom: dessa, trots att de är artikulerade och differentierade i enlighet med sina egna individuella särdrag, är ändå kopplade samman av den gemensamma universella själen.

Gottfried von Leibniz tillskrev liv och tänkande förmåga även till inert materia. Detta stod naturligtvis i skarp kontrast till materialistisk determinism, som aldrig accepterade möjligheten till en djupgående enhet av all natur.

En stor anhängare av vitalism på 1900-talet var Henri-Louis Bergson (1859-1941), fransk filosof och Nobelpris för litteratur 1927. I sina skrifter, i kontrovers med materialistisk determinism, bekräftar han att biologiskt liv, som medvetandet, det är inte en slumpmässig aggregering av kemiska föreningar som reproducerar sig, men det är en ständig och oupphörlig skapelse.

Bergson hävdar att vid grunden till allt finns en vital impuls som driver materialet mot allt mer komplexa förverkliganden. Denna momentum expanderar i olika riktningar och med olika intensiteter. På detta sätt förklarar han förekomsten av växternas värld separerade från djurens värld. I Bergsons uppfattning har de materialistiska teserna om mekanism och determinism inte längre betydelse. Den utveckling som Bergson har tänkt utgår från antagandet att ingenting är fast eller bestämt, men allt är verklighet i rörelse. Evolution är både subjektet och föremålet för sig själv, eftersom det följer en process som har ett enda ursprung. Denna process äger rum i en kontinuerlig drivkraft mot livet, därför representerar Bergson-processen en kreativ utveckling. I detta sammanhang är materien bara kulmen på utvecklingen av en specifik väg för kreativ drivkraft. Därför är enligt Bergson materia en manifestation av anden.

Bergson fördömer också försök att avslöja livets mysterium genom att analysera de enskilda delarna av en levande varelse. I den meningen delar han bekräftelsen av Mephistopheles i Faust:

> ”För att förstå och beskriva en levande verklighet börjar man med att döda och splittra den. Då har du bara inerta fragment kvar i din hand som tyvärr saknar någon hänvisning till livet ”.

Livets mysterium kan aldrig förstås genom att demontera en levande varelse. I själva verket skulle materialister vilja göra det, efterliknande av ett barn som tar isär leksaken för att förstå hur den fungerar. Med leksaken kan det göras, eftersom mysteriet med hur det fungerar ligger i någon mekanisk fjäder eller någon utrustning, så mysteriet ligger inne i leksaken. Livets mysterium är å andra sidan inte inre för varelsen: det kommer från utsidan, det är en del av världens själ.

Från Hans Driesch till Carl Jung.

En figur av särskilt intresse inom vitalismens område är Hans Driesch, (1867-1941) tysk filosof och biolog, pionjär inom forskning inom embryologi. Mellan 1891 och 1900 genomförde han forskning om sjöborre vid Zoological Station of Naples. Först försökte han förklara utvecklingen av embryon baserat på mekanistiska teorier, men han var snart tvungen att erkänna bristerna i dessa teorier. Han gjorde sin egen hypotes om en icke-materiell livsprincip, som är inneboende i organismer men som kommer utanför dem. Denna princip sammanfaller med naturens syfte. Principen som Driesch antar är orsaken till den levande varelsens evolutionära utveckling, både som art och som individuella individer i arten, var och en med sina egna särdrag.

Med tanke på Aristoteles studier kallade Driesch denna princip "entelechy". Denna term indikerar en verklighet som i sig innehåller det slutliga målet mot vilket den tenderar att utvecklas. Tillämpad på en art eller till och med på en enskild individ förutsätter entelechy att det finns en "plats" där denna information finns.

Det är en "plats" utanför individens fysikalitet. Men individer kan hämta information från denna "plats".

Drieschs teorier var särskilt fascinerande för Carl Jung. I sitt arbete som publicerades 1952, "Synchronicity as a princip of acasual relations", med vilken han officiellt tillkännagav sin teori om synchronicity till världen, erkänner den schweiziska psykologen att ha påverkats sedan 1925 av läsningen av Drieschs skrifter.

Jungs reflektioner över synkronicitet började redan 1916, men de första uttryckliga formuleringarna av teorin går tillbaka till omkring 1925, sammanfallande med jämförelserna med Drieschs teorier

THE SCALE OF BEING
According to Ernst Schumacher

	Inanimate matter	M
	Plant	M + x
	Animalss	M + x + y
	Man	M + x + y + z

M = Matter
X= Life
Y = Consciousness, perception
Z = Self-reflection, person

"Existensstegen".
Enligt Ernst Schumacher.

Figur 5 - Enligt Ernst Schumacher, en inflytelserik tysk filosof och ekonom, innebär varje verklighetsnivå att det finns en högre nivå.

Varje högre nivå inkluderar alla lägre nivåer. Samtidigt lägger en högre nivå till högre egenskaper till lägre nivåer.

I den nedre delen av skalan hittar vi livlösa fasta ämnen.

När du går uppför stegen kommer du att stöta på växter och djur.

Schumacher placerar människan på högsta nivå.

Ernst Schumachers "existensgrader".

I sin volym "The epochal winter. Current considerations" tar Hanspeter Padrutt upp och kommenterar en speciell rangordning som Ernst Friedrich Schumacher formulerade under förra seklet, om de olika graderna av varelse (fig. 5).

Ernst Schumacher var en inflytelserik tysk filosof och ekonom, född i Bonn 1911 (fig 4). Han emigrerade till England före andra världskriget för att inte leva under nazisterna. Trots detta betraktades han vid krigets utbrott som en "utländsk fiende" och internerades i en isolerad gård i Storbritannien. Under denna period träffade han den berömda ekonomen John Keynes. Keynes uppskattade några av hans verk och fick sitt släpp. På detta sätt kunde Schumacher bidra till den brittiska regeringens ekonomiska och finansiella återhämtning. Som ett resultat fick Schumacher en bra position vid University of Oxford.

Ernst Schumacher blev intresserad av problemen med kolbrytning och blev känd för sin kritik av västerländska ekonomier och hans förslag om att anta mer humana industriella tekniker.

1977 publicerade han "A guide for the perplexed". I denna uppsats kritiserar han vetenskaplig materialism och fördjupar sig i utforskningen av naturen och organisationen av kunskapen om att vara. I denna lilla "guide till att leva i världen" avstår Schumacher från paradigmerna för klassisk vetenskap och uppmanar läsaren att hänvisa till sig själv och ta sitt eget liv och meningen med existensen, att "leva" subjektivt och inte "levas "objektivt.

Förutom ekonomi och filosofi var hans stora passion trädgårdsskötsel, som han ägnade sig åt med passion. Han dog 1977 när han reser i Schweiz.

Han överförde en del av sin filosofiska forskning till en förklarande tabell. I detta noterar vi hans utbildning som ekonom. Faktum är att Schumacher uttrycker sin idé om de olika nivåerna av medvetenhet och kunskap på ett ovanligt sätt som påminner mer om matematiska formler snarare än filosofiska begrepp. Utan tvekan ger denna metod stor tydlighet åt begreppen.

Psykolog och filosof William James (president för Society for Psychical Research från 1894 till 1895) är känd för sitt uttalande:

> "Vad vi vet är bara en liten droppe i det stora okunnighetens hav".

Denna observation är två århundraden gammal, men den är fortfarande sann och aktuell, särskilt idag. År 1835 bekräftade Auguste Comte, en fransk filosof, fadern till positivismen, att vi aldrig på något sätt kunde studera stjärnornas kemiska sammansättning. Idag görs detta normalt.

Inom det vetenskapliga området, idag mer än igår, är det helt klart att vi vet väldigt lite. För bara några decennier sedan trodde man att atomer var den minsta delen av materien och att detta inte kunde delas vidare; istället fortsätter idag nya partiklar att upptäckas i acceleratorer och kvantfysik väcker allvarliga tvivel om vad partiklar är och kommer till hypotesen att de inte existerar alls utan bara består av vibrerande energi.

Horisonten för mänsklig kunskap går längre och längre: relativitetsteorin har just upprört våra säkerheter med avseende på tid och rymds fixering, och vi har redan konstaterat hur det universum, som vi trodde att vi kände så väl, är okänt för oss vid. minst 90%. Mörk materia kan vara värt upp till 90% av universum. När det gäller mörk materia liknar den poeten Metastasios "phoenix-arab": "che ci sia ciascun lo dice, dove sia nessun lo sa". ("Alla säger att det är där, men ingen vet var det är")

Varje dag erövrar vi ett litet kunskapsutrymme, bara för att inse att det rummet är ett öppet fönster på nya enorma och okända territorier. Idag har vetenskapen hundratals om inte tusentals fönster som öppnar sig mot landskap där endast existensen är säker, medan innehållet förblir helt okänt.

Vi vet att vi är gjorda av materia. Vi är en aggregering av molekyler, som i sin tur är aggregat av atomer, som i sin tur är aggregat av elementära partiklar. Men vilken plats har livets gnista, var bor det? Var finns organisationen av dessa aggregeringar? Vår kropp är ett fordon, en extremt effektiv maskin; men föraren, var är han?

Kom allt från slumpen? Efter att ha mirakulärt aggregerat i vår kropp har den också förvärvat förmågan att vägleda sig själv?

1981 ville två kända astronomer, Fred Hoyle och Chandra Wickramasinghe, beräkna hur sannolikt det var att livet föddes precis så, av en slump. De drog slutsatsen att det skulle finnas en sannolikhet som liknar en orkan som, genom att lossa dess kraft på en deponi av metaller och flytta dem i vindens virvelvind, skulle kunna bilda en Jumbo Jet redo att flyga. Perfekt. Men även om detta skulle hända mirakulöst, varifrån skulle piloten som kan starta under flygning komma ifrån?.

Trots materialisternas bästa ansträngningar är det uppenbart att materien ensam inte kan gå utöver en viss gräns. Bakom universums perfektion måste det finnas en intelligens, ett högre medvetande som styr allt.

Mänskligheten väntar på att vetenskapen, som ett nära och nödvändigt mål, äntligen sätter sig målet att avstå från materialism och sökandet efter en icke-materiell nivå, ett "universellt medvetande" oberoende av tid och rum, ett "Fält av energi och information "som innehåller" Projektet "," Instruktionshäftet ", eller snarare all kunskap som enskild samvete redan hämtar från idag, omedvetet.

Vårt individuella medvetande är en del av ett större medvetande, från vilket det hämtar information och visdom.

Min lever vet nog inte att den är en del av en större helhet, det vill säga min kropp. På samma sätt är jag en del av en större helhet utan att veta det. Men den större helhet som jag är en del av känner mig och tar hand om mig.

I den meningen föreslår Schumacher i sin tabell olika stadier där en del av universum är en del av en större helhet, även utan att veta det; den större helheten innehåller i sin tur de delar som är lägre i skalan och lägger till något mer (fig. 5).

Den lägsta nivån (M) är den för inert materia som kan vägas och mätas. Det är en del av den högre nivån, den av växtvärlden. Denna nivå inkluderar M men lägger till x, vilket står för livet.

Därför, om mineralnivån bara är M (materia) är nästa nivå, den vegetabiliska, M + x, materia + liv. Men denna nivå är i sin tur en del av en högre nivå, den tredje.

Den tredje nivån, relaterad till djurriket, inkluderar den lägre (M + x) men lägger till y, det vill säga medvetenhet och förmåga att uppfatta. Således blir den tredje nivån M + x + y.

Hela den tredje nivån är då en del av den fjärde, den som rör människan, som lägger till z, det vill säga självmedvetenheten om ens ”Själv”. Därför är människan i "grader av varelse" M + x + y + z.

Schumacher stannar sin stege här. Men om varje steg naturligtvis ingår i ett högre steg, vad kommer den mänskliga nivån att bli en del av?

Varför skulle det inte också finnas en högre nivå, som inkluderar M, x, y, z men också "något mer"?

Det mest naturliga svaret är ja. Det finns den femte nivån, "universell medvetenhet", som tillför värde.

Vi vet inte hur man ringer och definierar detta värde, vi kallar det "oändligt". Dess symbol är ∞.

Den femte nivån på skalan blir M + x + y + z + ∞.

Skalan av varelsens grader, sålunda fullbordad, gör människan till en del av ett universellt medvetande som inkluderar hela universum: materia, liv, medvetande, självmedvetenhet, energi och oändlig information.

På detta sätt skulle den immateriella delen av oss själva, vår personliga pilot, förenas med den stora universella piloten från vilken han skulle få patentet. Vårt personliga samvete skulle vara i kontinuerlig dialog med det universella medvetandet och slutligen skulle vi veta var våra djupa intuitioner kommer ifrån, vår a priori-kunskap, våra ädla känslor och helt främmande för den animalitet där materialismen vill tvinga oss.

Dessutom har människan genom hela mänsklighetens historia alltid intuitivt trott på något högre som han har kallat oändliga gudomligheter. Det finns verkligen en kosmisk intelligens som går utanför vår förståelse. Vi påverkas ständigt av det.

Det verkar som om människan har ett medfött behov av att tro på något större. När allt kommer omkring är även övertygelsen att det inte finns något större fortfarande en tro, en troshandling.

Drömmar som föreslår uppfinningar och framgångar.

Bekräftelsen att meddelanden som är användbara för individers utveckling eller till och med mänskligheten härrör från universellt medvetande bekräftas av många kända personligheter inom konst och vetenskap som påstår sig ha fått inspiration för sina skapelser i en dröm. Historien är full av problem som löses vid gryningen. Till exempel drömde Friedrich Kekulé, en tysk kemist vars namn är kopplad till definitionen av strukturen av bensen och aromatiska föreningar, om en orm som biter i svansen och vid uppvaknandet insåg han att bensenmolekylen var sexkantig.

Mendeleevs periodiska system.

I ryska vetenskapliga kretsar hävdas att Dmitry Ivanovich Mendeleev kom att bestämma sammansättningen av elementbordet tack vare en dröm. Den berömda kemisten (1834-1907) ville på ett rationellt sätt organisera de 65 kemiska grundämnen som var kända vid hans tid. Han hade gissat att organisationsmodellen måste kopplas till atomvikt, men han kunde inte bestämma det exakta förhållandet. Enligt den ryska kemisten B.M. Kedrov, Mendeleev uppgav:

> "I en dröm såg jag en plan yta, där alla element var ordnade i önskad ordning. Efter att ha vaknat ritade jag omedelbart det arrangemanget på ett pappersark".

Således föddes det periodiska systemet som vi fortfarande känner till idag. Mendeleev noterade att arrangemanget i en dröm var så exakt att det avslöjade att vissa element hade mätts felaktigt.

Googles sökmotor.

Larry Page, grundare av Google, säger att tanken på en sökmotor med Googles egenskaper kom till honom under en "levande" dröm. Efter att ha pratat om det med sin vän Sergey Brin födde de tillsammans med Backrub, föregångaren till nuvarande Google.

Paul McCartney och "Yesterday".

Paul McCartney berättar för sin biograf Barry Miles att han en morgon 1965 vaknade med musik i huvudet. Han stod upp och spelade melodin som skulle bli "Igår" på piano. Idag finns denna drömfödda sång i Guinness Book som den mest inspelade låten.

Överföring av signaler i hjärnan.

I början av 1900-talet trodde forskare felaktigt att överföringen av signaler i hjärnan skedde elektriskt. Istället föreslog en dröm om Otto Loewi den exakta teorin. Loewi var föreläsare vid universitetet i Graz i Österrike men flyttade till USA under nazistregimen. Här undervisade han vid University of New York, staden där han dog 1961. Hans studier fokuserade på farmakologi av ämnen som verkar på det autonoma nervsystemet, både på det sympatiska och parasympatiska, och upptäckte att medlare som är verksamma i nerver och muskler fungerar är kemiska och inte elektriska.

Loewi kom till denna upptäckt efter en dröm. Han vaknade och klottrade några anteckningar på ett papper. Vid uppvaknandet insåg han att han hade skrivit grunden för teorin som skulle förändra medicinens historia: det vill säga att information överförs kemiskt genom aktiva kemiska medlare. Tack vare denna upptäckt vann Otto Loewi 1936 Nobelpriset för fysiologi.

Niels Bohr och atomen.

I en artikel skriven vid Massachusetts Institute of Technology (MIT) av Edwina Portocarrero med några av hennes medarbetare läser vi följande:

«Niels Bohr (1885–1962) utvecklade atommodellen baserat på en dröm om honom. I drömmen satt Bohr på solen medan alla planeter, som kretsade runt, gjorde väsningar och rörde sig som på strängar ».

Den nuvarande atommodellen består faktiskt av en central kärna och en serie elektroner som kretsar kring den. Portocarreros artikel var tillägnad drömmar och hade titeln "Lektioner på kudden: diskontinuerligt gränssnitt för återkallande och återgivning av drömmar".

Mary Shelley och Frankenstein.

I maj 1816 bodde en grupp författare på ett hotell i Genève. Bland dessa författare var Lord Byron, hans älskarinna Claire Clairmont med sin syster Mary Shelley och andra människor som älskar brev.

Dagen var regnig och de bestämde sig för att övervinna tristess genom att läsa spökhistorier. Byron föreslog sedan att själva komponera en spökhistoria: alla var överens. Mary Shelley hade ingen aning om hur man börja, men under natten såg hon i en dröm det ögonblick då den galna forskaren skapade Frankenstein. Nästa morgon började han med att skriva den chillande uppföljaren, och boken var så framgångsrik som vi vet den. Vad skulle skräcklitteratur vara idag utan Frankenstein?

"Misery behöver inte dö".

Detta är en av Stephen Kings mest populära böcker, från vilka också en film gjordes. Författaren själv säger att tanken på handlingen, baserad på ett fan som håller sin favoritförfattare fånge för att skriva om slutet på en berättelse, kom till honom under en dröm på ett plan.

Elias Howes symaskin.

Symaskinens uppfinning tillskrivs Elias Howe (1819–1867), som hade förtjänsten att kraftigt förbättra vissa befintliga projekt och patentera dess förbättrade version. Under lång tid fastnade Howe med sitt projekt: Howe visste faktiskt inte var han skulle placera nålögat.

Orsaka detta problem stoppades arbetet och han hamnade i fattigdom. Hans ursprungliga idé var att följa traditionen och placera nålögat på nålens övre ände. Men genom att göra det tråden trasslade alltid. Han hade aldrig tänkt på att placera nålögat nära nålspetsen.

1845 hade Howe en underlig dröm. Några kannibaler hade fångat honom och knivhuggit honom med sina spjut. Hans tränade öga märkte att spjuten hade ett hål bredvid spetsen. Sagt och gjort tillämpade han denna idé på sin uppfinning och symaskinen föddes.

Wolfgang Paulis drömmar.

Nobelpristagarens fysiker Wolfgang Pauli uppgav flera gånger att han fick inspiration i en dröm, användbar för formuleringen av hans vetenskapliga teorier.

En av de drömmar som Pauli kom ihåg under hela sitt liv var det han kallade "Världsklockan". I drömmen såg Pauli två koncentriska hjul vrida sig icke-koncentriska. Tyvärr var hjulen förbundna med en omöjlig mittaxel. Vid tidpunkten för drömmen analyserades Pauli i Jungs studio och förstod att bilden innehöll ett meddelande som skulle överföras till hans vetenskapliga forskning. För Pauli representerade de två hjulen psyket och materien, som behövde förenas i en vetenskaplig teori. Tyvärr, trots att han strävar efter detta mål som ett livslångt uppdrag, kunde Pauli inte hitta ett sätt att förena vetenskaplig materialism med andlighet. I själva verket avvisar modern vetenskap varje hänvisning till psyket eller anden som spetälska..

Från Platon till Berkeley.

I myten om grottan föreslår Platon att alla saker, som vi ser dem, bara är en gigantisk illusion, men han går inte så långt att han uttryckligen säger att saker inte existerar. Detta koncept förklaras dock flera gånger i den mänskliga tanken och blir ryggraden i George Berkeleys filosofi (fig. 6). Berkeley var en irländsk anglikansk teolog och biskop. Med John Locke och David Hume var Berkeley en av de tre stora brittiska empiristerna. Enligt Berkeley är de enda föremålen för mänsklig kunskap idéer.

Vad vi definierar som en sak är inget annat än en uppsättning idéer. Till exempel är ett äpple inget annat än en viss färg, en viss smak, en viss lukt, en viss form, en viss konsistens.

Alla föremål som vi tror existerar (för att sinnena får oss att tro att de existerar) existerar faktiskt inte alls: de har ingen konsistens, de har ingen kropp, de är bara idéer som vi förmedlar av sinnena i hjärnan konfigurera genom att ge dem ett falskt intryck av väsentlighet.

Vi känner inte föremål alls: vi känner bara till idéerna om föremål som sinnena överför till vår hjärna. Vi lever som i en dröm, som fångarna i den platoniska grottan som observerar skuggorna och tror att de är verkliga. Vi har rumsliga och tidsmässiga uppfattningar om förmodade objekt som dock inte existerar.

Berkeley-trädet.

Det är användbart att upprepa en gammal fråga: om ett träd faller i en skog och det inte finns någon i närheten, gör det ljud? Denna fråga föreslogs av George Berkeley.

Berkeley föddes i Kilkenny, Irland den 12 mars 1685 och dog i Oxford den 14 januari 1753. Han tog examen 1707, avslutade sina grundutbildningar i matematik, logik, klassisk litteratur, teologi och filosofi vid Trinity College Dublin.

Figur 6 - George Berkeley var en irländsk anglikansk filosof, teolog och biskop. Den bekräftar att de enda föremålen för mänsklig kunskap är idéer; saker i sig existerar inte, de är bara en uppsättning idéer.

Han fördjupade omedelbart sin kunskap om de stora tänkarna i sin tid genom att läsa verken från Locke, Gassendi, Descartes, Newton, Descartes, Hobbes och andra, och gav därmed form och riktning till utvecklingen av hans tanke, så att han kunde uttala sig huvudprincipen i hans filosofi: immaterialism.

År 1709 publicerade han Essay of a New Theory of Vision och året därpå avhandlingen om principerna för mänsklig kunskap. År 1713 skrev han också dialogerna mellan Hylas och Philonous.

År 1728 gifte han sig med Anne Forster, den äldsta dottern till John Forster, president för Irish House of Commons. Efter att ha dragit nytta av ett iögonfallande arv ledde hans anda av ivriga religiösa honom till att vilja lämna tillsammans med sin fru till de nya länderna i Amerika där han avsåg att utföra missionärsverksamhet genom att grunda ett college på Bermudaöarna.

I väntan på att få de utlovade medlen flyttade Berkeley till Amerika och bosatte sig i Rhode Island, där Henry, hans första son, föddes. Tyvärr tvingades filosofen då att överge initiativet eftersom drottningen inte i första hand uppfyllde finansieringsloftet. Tillbaka i Irland utnämndes han till biskop av Cloyne (för den irländska kyrkan).

Berkleys filosofiska tanke är allt inriktad på idealism som han starkt kontrasterar med "upplysningen" som kikar ut mellan slutet av 17 och början av 1700-talet. Berkeley avvisar materialism som degenererar till skepsis och ateism. På meriterna komponerade han "Alcifrone", en polemisk dialog mot tidens fria tänkare.

Berkeley hävdade att objekt existerar bara som upplevda. Därför, om ett träd faller i en skog där ingen bevittnar fallet, gör det inget ljud.

Ur vårt sunt förnuft kan vi invända att det fallande trädet uppenbarligen ger ett ljud, eftersom träfibrernas brott och kollisionen med andra träds grenar orsakar luftrörelser som är typiska för ljudvågor.

Tydligen har dock samma vetenskap ingripit för att uttrycka en gynnsam åsikt för Berkeley. Faktum är att en av de äldsta och mest prestigefyllda tidskrifterna för vetenskaplig popularisering, "Scientific American", grundad av Rufus Porter 1845, gick till fältet 1884 och visade rationellt att ett fallande träd faktiskt inte gör något ljud ingen som kan höra bullret.

I praktiken, enligt tidningen, är det sant att hösten producerar vibrationer i luften, men dessa kan bara detekteras med ett hörselsystem som genom de inre delarna av örat kan översätta dem till ljud. Därför, i frånvaro av ett auditivt system som kan upptäcka brus, finns det inte där. Felfri förklaring.

På detta sätt löser vi en fråga som ibland felaktigt tillskrivs Zen-filosofin: om trädet faller när det inte finns någon som hör det, ger det inget ljud.

Återvänder till Berkeley för att förstärka sin avhandling myntade han ordspråket ”Esse est percipi” (Att vara betyder att uppfattas). Ett objekts hela varelse består i att det uppfattas och inget annat. Det är en sammanfattning av hans immaterialistiska teori, enligt vilken saker inte är mer än en serie idéer, och bara börjar existera när de uppfattas.

Detta är inte en särskilt överraskande uppenbarelse för en kvantfysiker. Som vi kommer att se, på nivån av elementära partiklar, förändrar dessa deras beteende om det finns någon som observerar dem eller inte: beroende på hur de observeras kan de dessutom ändra formen i vilka de visas.

Efter århundraden av ironiskt fniss börjar Berkeleys teorier få en konsistens som är fast knuten till verkligheten.

Av samma slag som det fallande trädet är ett mer tekniskt dilemma: om vi tänder en glödlampa i ett tomt rum, där ingen kan observera det, avger det ljus? Normalt skulle du svara ja; förutom att ljus är inget annat än en uppfattning av nervsystemet, så om det inte finns något system i rummet som kan uppfatta ljus, det vill säga ett öga, finns det inget ljus. Ljus börjar existera när någon kan se det: det har inte en egen existens, det är bara utvecklingen av ett visuellt system. Faktum är att genom att stänga omkopplaren strömmar en form av energi och förändras till en annan energiform, som vi dock inte känner till. Det får utseendet på ljus först när någon observerar det.

På samma sätt skulle vi säga: hur smakar den frestande maträtten som serverades till dig? Ingen. Maten börjar smaka när du skickar den till din smak. I sig är smak en kvalitet som inte är helt relaterad till maten du äter.

Vid denna tidpunkt verkar det rimligt att fråga oss om det är vi som anpassar oss till verkligheten, eller om det inte är verkligheten som anpassar sig till oss.

Universum finns för att vi tittar på det.

Låt oss gå tillbaka till ljusets tema. Om det är sant att glödlampan i ett stängt rum inte avger ljus eftersom ingen kan se det, på samma sätt kan vi säga att om vi inte var där för att titta på universum skulle universum vara mörkt. Stjärnorna skulle inte lysa, solen själv skulle inte avge ljus, om det inte fanns någon att titta på dem.

För att universum ska vara som det ser ut, måste någon vara där för att titta på det. Utan ögon som kan omvandla fotonerna från stjärnorna till ljus skulle universum vara mörkt.

I den andra versen i Bibeln (1 Mosebok 1, 2) inleder författaren skapelsens berättelse med dessa ord:

> "Och Gud sa," Låt det finnas ljus, "och det fanns ljus. Och Gud såg att ljuset var bra, och han skilde ljuset från mörkret ..."

Gud såg att ljuset var bra. Efter att ha skapat den och såg den erkände han att det var bra. Ljus blir bra när Gud ser det. Inte bara det, när Gud skapar människan, skapar han honom "till Guds avbild och likhet". På detta sätt kan människan också se ljuset så att skapelsen förblir en "bra sak" eftersom det är en "sak tittat på".

Den främsta invändningen mot detta borde komma från evolutionsteorin, enligt vilken alla levande varelser härrör från en enda förfäders organism från vilken all nuvarande biologisk mångfald skulle utvecklas, och för varje levande varelse skulle de mest lämpliga organen utvecklas. Säkerställa dess överlevnad. Alla organ (händer, ben, svans, fjädrar, öron, hud och så vidare) skulle vara resultatet av den progressiva förbättringen av redan existerande organ, eller i vilket fall som helst utvecklats av den förfäderns förfader.

Därför kan en fenor förvandlas till ett ben som åtföljer fiskens passage till marklevande djur: det vill säga ett organ utvecklat i ett givet tillstånd som användbart för överlevnad i det tillståndet kan utvecklas till ett annat organ för att vara användbart i ett annat tillstånd ... Denna teori är trovärdig för nästan alla organ, men inte för ögat.

De evolutionära motsättningarna i ögat.

Om det finns ett problem som plågar darwinister, är det just ögonets utveckling. I sitt arbete "The Origin of Species" säger Darwin själv:

> "Att anta att ögat med alla sina oöverträffade mekanismer [...] kunde ha bildats med hjälp av naturligt urval, verkar det, erkänner jag fritt, är definitivt absurt."

Det första uppenbarligen effektiva försöket att förklara den gradvisa utvecklingen av ögat går tillbaka till 1994: detta är det berömda arbetet av Nilsson och Pelger "En pessimistisk uppskattning av den tid det tar för ett öga att utvecklas". Enligt dessa forskare utvecklades ögat från ett initialt skikt av ljuskänsliga celler, tack vare vilken den ursprungliga organismen kunde rikta sig mot ljuskällan. Detta bekräftar i alla fall att behovet av att se redan var inneboende i den första organismen. Därefter skulle de evolutionära processerna ha orsakat påsningen av dessa ljuskänsliga celler i en slags halvklotformig brunn; när cockpiten blev tillräckligt djup uppträdde ett smalande membran i kanterna. Så småningom skulle ett tätare område som kan fungera som en lins ha bildats i urtaget som redan är fyllt med transparent substans.

Tyvärr är den evolutionära kedjan som beskrivs i dessa passager inte på något sätt en gradvis och kontinuerlig utveckling och motsvarar inte vad som borde vara minimala successiva modifieringar av samma karakteristik, eftersom det inkluderar tillsats av andra helt oberoende organiska strukturer: en "proto -elever och en "proto-kristallin".

I själva verket representerar ögat inte utvecklingen av en enda urorganism utan kräver tillsats av olika och sofistikerade delar, såsom lins, regulatoriska muskler, sensoriska celler och innervationer. En lins utan näthinna, liksom en näthinna utan lins, fungerar inte. Ändå är näthinnan och linsen inte en del av samma evolutionära process eftersom de har olika vävnadsegenskaper som antyder olika ursprung både i embryogenetisk utveckling och i evolution.

Detta bekräftar utan tvekan att ögat är en produkt av en evolutionär konvergens av olika delar i en enda integrerad funktion: om vi vill prata om slumpmässighet skulle det därför vara en chans höjd till nionde graden.

Sammanfattningsvis är det otänkbart att en enhet som är så specialiserad som ögat kan uppstå från slumpmässiga utvecklingar, allt ursprungligen utan specifika evolutionära fördelar, som sedan mirakulöst integrerades i den visuella funktionen.

Vi kan föreställa oss utvecklingen av ett ursprungligt öga, saknat näthinnan och kristallint, bara om vi förstår det som en obligatorisk passage mot en framtida funktion: det vill säga som en del av ett projekt som redan förutspådde vad dess användning skulle vara i efterföljande epoker. Visst inte en blind utveckling utan ett projekt styrt och assisterat av en universell intelligens.

När saker inte är som de verkar.

En människa är en del av en helhet som vi kallar "universum", en del begränsad i tid och rum. Han upplever sig själv, tankar och känslor som något som är skilt från resten, i vad som är en slags optisk illusion av medvetande.
Denna illusion är ett slags fängelse som begränsar oss till våra personliga önskningar och tillgivenhet för de få människor som ligger närmast oss. Vår uppgift är att befria oss från detta fängelse genom att utvidga vår medkänsla i koncentriska centra för att omfamna alla levande varelser och all natur i dess skönhet.
(Albert Einstein, fysiker, nobelpristagare)

Det konstiga fallet med de två presidenterna.

På senare tid är det väldigt modernt, i skvallerpressen, att leta efter de konstiga tillfälligheterna som förenar kändisar. I synnerhet blir sökandet efter fakta, händelser och omständigheter som ser Kate Middleton och Charlene i Monaco som huvudpersoner galen.

Tillfällena är många, men de verkar inte särskilt betydelsefulla. Det finns till exempel mycket bevis för att både Kate och Charlene inte har något blått blod. De föddes båda i januari, Kate den 9 och Charlene den 25. Fortfarande vad gäller datum gifte sig både Kate och Charlene 2011.

Ur en mer personlig synvinkel är de två ädla kvinnorna båda sportiga och älskar att delta i alla typer av tävlingar och delta i olika discipliner. Dessutom måste de båda hantera två ganska "skrymmande" svärmödrar, Lady Diana för Kate och Grace Kelly för Charlene.

Visst är berättelsen om tillfällena som binder två av de mest kända presidenterna i USA mer spännande. Vi pratar om John Fitgerald Kennedy (fig. 7) och Abraham Lincoln (fig. 8). De mest relevanta tillfällena är relaterade till modaliteten i deras död. I själva verket dödades båda presidenterna under mycket liknande omständigheter, Lincoln den 14 april 1865 och Kennedy den 22 november 1963. Här är några av de mer okända tillfälligheterna när det gäller deras död:

- Båda dödades på fredag med ett skott mot huvudet.
- Båda hade sin fru bredvid sig, som inte drabbades.

Kennedy dödades medan han var i en Ford Lincoln Continental limousine; Lincoln när han deltog i showen "Our American Cousins", i Ford Theatre i Washington.
- Vid tiden för attacken åtföljdes både Lincoln och Kennedy av ett par: i båda fallen skadades mannen, som var bredvid presidenten.
- Båda mördarna (John Wilkes Booth för Lincoln och Lee Harvey Oswald för Kennedy) hade tre namn på totalt femton bokstäver.
- Båda mördarna dog under oklara omständigheter innan de dömdes. Deras död inträffade mer eller mindre vid "samma tid på dagen" som deras offer. Båda dog av skott.

Sedan finns det tillfälligheter som rör privatliv eller politisk karriär.

– Båda hade ett efternamn på sju bokstäver, och hade döpts med samma namn som sina respektive farföräldrar. Dessutom var båda tvåfödda i sina egna familjer.
– Båda hade kämpat i kriget; Lincoln i Black Hawk-kriget och Kennedy i andra världskriget.
– Båda förlorade en son under sin presidentperiod. Lincoln förlorade William

Wallace och Kennedy förlorade Patrick Buovier.
– Båda hade fyra barn vid tiden för deras död.
- Båda valdes in i kongressen för första gången 1946; likaså 1956 var de kandidater till vicepresidentskapet, men valdes inte eftersom deras parti förlorade valen.
– Båda var inblandade i att försvara den svarta befolkningens rättigheter, Lincoln i förhållande till slaveriets avskaffande och Kennedy i främjandet av medborgerliga rättigheter.
– Båda efterträddes av en vicepresident vid namn Johnson: Andrew Johnson för Lincoln och Lyndon Johnson för Kennedy.

Figur 7 - En otrolig serie av tillfälligheter kopplar samman två av USA:s mest kända presidenter, Abraham Lincoln och John Fitgerald Kennedy, båda offer för attacker.

Om det inte vore nog, kommer den som vill att kunna hitta hundratals andra tillfälligheter som förbinder de två presidenternas liv, genom att konsultera sajten (på engelska): https://www.near-death.com/.

Skeptikernas förklaringar.

Medan hälften av världen strävar efter att studera fall som dessa för att lägga till fler tillfälligheter till listan, strävar den andra hälften efter att visa att några av de presenterade tillfälligheterna skulle vara falska och skulle försöka använda några felaktigheter för att förneka allt.

Sedan finns det några generella invändningar som är bra för alla tillfällen, som den att det inte är så svårt att hitta sammanträffanden mellan två slumpmässigt valda fakta, om man går för att undersöka alla detaljer.

Enligt lagen om stora siffror, om livet och arbetet för två kända personer utvärderas i detalj, är det inte svårt att konstruera en lista över tillfälligheter. Om vi till exempel hänvisade till Masaniello och General Lamarmora, är det troligt att de båda gillade napolitansk pizza och båda bar storlek 44 fot, men jag vet inte vilka andra verkligt betydelsefulla tillfälligheter som kunde hittas.

Sinnenas bedrägeri

Men varför erbjuder vetenskapen så mycket motstånd mot det paranormala? Faktum är att västerländsk vetenskap har ägnat flera århundraden av sitt liv åt att inte tro det, och nu när sprickor börjar dyka upp i denna granitsäkerhet låter den sig föras med av vanan. Det är faktiskt svårt att ge upp bekvämligheter, konsoliderade positioner, karriärer som bygger på bekräftelsen av materialism.

Bild 8 - Abraham Lincoln, offer för ett mordförsök den 14 april 1865. Många omständigheter under hans liv och död sammanfaller otroligt med liknande omständigheter som involverar president John Kennedy.

Dessutom är vi själva, som är vattnet som vetenskapens skepp glider på, så beroende av dessa positioner att vi tar dem för givna, trots att vi varje dag måste hantera det paranormala eller med extrasensoriska uppfattningar. Vi är nu vana vid att bara tro på det som kan röras, vägas och mätas, så inte ens bevisen kan utrota materialismens dogmer från vår mentalitet.

I ångesten att bara lägga vikt vid det påtagliga (kanske för att endast materia kan tjäna pengar) glömmer vi att i de flesta fall kan de viktigaste sakerna inte hållas i handen för att omvandla dem till pengar.

Den huvudsakliga källan till vårt välbefinnande är tankar, positiva stämningar, känslor och alla aktiviteter relaterade till anden eller psyke som lyckas ge djupa betydelser och motivationer till vår existens eller tvärtom lyckas få den att framstå som värdelös och utan framtida.

De fakta som händer omkring oss formas av vårt sätt att tolka dem, av vår optimism eller vår pessimism, av vår gradient av tillit och hopp eller av förtvivlan. Det finns ingen objektiv verklighet omkring oss, saker är inte så i alla fall, utan de förändras enligt vår tolkningsnyckel, det vill säga genom vårt samvets och vårt förnufts filter.

I denna mening är det vi uppfattar med de fem sinnena, d.v.s. sensorisk verklighet, alltid resultatet av extrasensorisk bearbetning.

Att säga att extrasensoriska förmågor inte existerar är som att betrakta oss som väderflöjlar utsatta för varje passerande vind, utan möjlighet till motstånd.

Istället, just tack vare de extrasensoriska förmågor som inte går att mäta och väga men som verkligen finns, såsom mod, en optimistisk framtidsvision, medvetenheten om att livet består av upp- och nedgångar och varje nedgång alltid naturligt följs av en uppgång. , tilliten till oss själva och kanske också till vår nästa, medlidande och godhet, därför förmågan att hjälpa och bli hjälpt, allt detta gör våra väderflöjlars master fasta som stenar. Vilken vind som helst kan blåsa hur hårt den vill, utan att någonsin kunna rycka upp dessa föreställningar.

Det vi uppfattar med våra fem sinnen, i tider av storm och i tider av lugn, är alltid en förmedlad och mediabar sanning.

Detta gäller inte bara på en psykologisk nivå, utan också på en praktisk nivå. Våra sinnen, som verkar så perfekta för oss, är designade för maximala besparingar. De tjänar bara till att ge oss den hjälp som krävs för att förflytta oss och verka i miljön utan att ta skada.

Till exempel kan vår hörsel ta upp mycket låga ljud (cirka 30 Hertz i frekvens) upp till mycket höga ljud, cirka 10-15 000 Hertz i frekvens. Det finns dock en oändlig mängd olika ljud utanför detta område. Tyvärr kan våra öron inte uppfatta dessa ljud. Till exempel ultraljud, som ofta hörs av många av våra husdjur. Varför hör vi bara frekvenser från 30 till 15 000 Hertz, och inte högre eller lägre? Enkelt, eftersom de inte skulle vara användbara för vår överlevnad.

Lägre hörbara frekvenser kan signalera mullret från en annalkande lavin, och högre hörbara frekvenser kan signalera väsandet från en orm. Vi behöver inget annat för att överleva.

Tvingade av hörselns gränser placerar vi all gudomlighet hos en konst som musik inom detta frekvensområde, och vi föreställer oss inte ens vilka symfonier vi skulle kunna komponera (men framför allt höra) om utbudet var större. För oss är all musik begränsad till den eländiga trångheten i vad våra öron uppfattar, från 30 till 15 000 hertz. Vi föreställer oss inte ens förekomsten av otroligt mer utarbetade och engagerande harmonier. För oss kan det inte finnas någon annan musik än vad våra öron kan höra.

Vi tror inte att det finns en konsert av det växande träet, en menuett av den blommande blomman eller den mörka symfonin av en sten som stönar i åratal när den håller på att bryta sig loss från bergssidan.

Vi kompenserar för dessa brister genom att fästa falska ljudspår i dokumentärer, lämpliga för vårt hörselområde; uppenbarligen är det inte de riktiga ljuden.

Sedan när de berättar om shamaner som lyckas resa i dessa världar och lyssna på dessa ljud, dessa dolda röster från naturen, så tror vi dem inte och vi dömer dem som berättar galet för oss.

Våra sinnen är inte gjorda för att föra oss närmare universum utan, mycket mer prosaiskt, för att hindra oss från att snärta med tårna när vi går eller från att stoppa varm mat i munnen när vi äter eller från att hamna i slagsmål med någon liten varelse som är för färgglad. eller för taggig för att inte märka. vara giftig.

Våra sinnen är fortfarande Neandertalmannens, medan vi nu har utvecklats långt bortom Sapiens sapiens-stadiet, är vi nu Homo ciberneticus. Vi behöver utveckla nya sinnen, anpassade till vårt nya evolutionära skede.

Objektivitet och subjektivitet.

Vad vi tror på avgör kvaliteten på vårt liv.

Vi kan välja mellan objektivitet och subjektivitet.

Objektivitet innebär med nödvändighet vår omöjlighet att ingripa i de saker som omger oss. Saker och ting är så här, gilla det eller inte. Ur objektiv synvinkel formas allt och sker externt för oss själva och involverar oss utan möjlighet att fly. Vi är mekaniska leksaker som fortsätter att upprepa den programmerade uppgiften genom att marschera och slå tamburinen både i solen och i regnet, medan solen ofrånkomligt bleknar våra färger och regnet rostar våra redskap.

Tvärtom gör subjektiviteten oss kapabla att förstå och acceptera saker genom att förmedla dem: det är en väv som vi väver och genom vilken vi filtrerar verkligheten. Subjektivitet ger kraftfulla och effektiva verktyg för att motverka eller stödja vad livet erbjuder oss.

Att möta livet ur en subjektiv synvinkel innebär att befria sig från påtvingarna av ett massifierande öde och bygga ett personligt, medierat öde, färgat av olika möjligheter för var och en.

Ett liv som levts subjektivt är inte längre mätbart och vägbart i laboratoriet, eftersom standardmåtten inte längre är giltiga; var och en sätter sina egna värden som därför undkommer verifiering av externa observatörer. De är inte längre verifierbara i laboratoriet, utan är verkliga för alla i deras hjärta, i deras blod, i magen, på huden och framför allt i deras själ.

Kärlek, trohet, generositet, vänskap, tillit till sig själv och andra är alla icke-objektiva verkligheter som vi modellerar våra liv på.

Därför finns det en verklighet som går långt bortom de fem sinnena, och som låter oss lämna maskinernas dimensioner för att bli människor, vilket vi är.

Subjektivitetens seger representerar materialismens nederlag och nedskärningen av de fem sinnena som inte längre är indikatorer på absolut sanning, utan enkla hjälpmedel som är användbara för att placera vår existens i det förnuftiga universum. I det objektiva universum, det i Newtons fysik, baserat på de tre klassiska dimensionerna plus tid, hjälper de fem sinnena oss på ett verkligt exemplariskt sätt. Men när vi betraktar existensen av psykiska universum, fria från materia, där olika uppfattningar relaterade till tanken och själen råder, då inser vi att de fem sinnena inte längre hjälper oss, tvärtom, de lurar oss ofta.

Under de senaste århundradena har materialismen anförtrott de fem sinnena uppgiften att absolut representera alla möjliga mänskliga erfarenheter. I själva verket har den materialistiska vetenskapen själv hamnat i svårigheter inför vad vi nu kallar fenomen relaterade till materia, såsom magnetism och elektricitet.

Ett av de mest vilseledande sinnena, när vi vill använda det för andra ändamål än de för vilket det utvecklades, dvs överlevnad, är synen. Synen bearbetar objekt och levande varelser som former, som memoreras för att vi ska kunna känna igen dem under efterföljande möten. Detta är inte en exakt memorering, eftersom vi kan känna igen en persons ansikte även när hans karaktärer har förändrats mycket, efter tiotals år. Omvänt minns vi med stor svårighet vilket landskap som var i bakgrunden eller vilka bilar och människor som passerade på vägen bakom henne. Och ändå "såg" vi allt.

Formpsykologi.

Mellan 1800- och 1900-talen ägnade experimentell psykologi mycket energi åt att undersöka de mekanismer genom vilka vi förhåller oss till den yttre verkligheten.

Grunden för forskningen utgick normalt från att allt vi uppfattar med sinnena inte antar samma betydelse i den utarbetande vi gör av det. När vi lyssnar på en konversation "filtrerar vi" den normalt från allt bakgrundsljud. När vi observerar en scen koncentrerar vi oss på det väsentliga faktumet medan vi försummar konturerna.

Med andra ord kan vi tilldela observerade händelser en hierarki, det vill säga att fastställa vad som intresserar oss och vad som inte, för att stärka förståelsen av endast en del av den observerade bilden samtidigt som vi försummar resten.

Figur 9 - Figuren av Rubin som återges ovan kan ha två distinkta betydelser, enligt betraktarens subjektiva tolkning.

Vår uppfattning om vad som händer omkring oss är aldrig den exakta reproduktionen av verkligheten. Detta innebär att vår kunskap om världen aldrig blir integrerad, eftersom vi inte troget registrerar allt som händer i våra sinnen, utan bara det som intresserar oss.

Alla upplevda stimuli delas omedelbart in i "intressant" eller inte, så att de flesta kasseras och går förlorade för alltid.

Rubins bild, föreslagen i figur 9, kan tolkas på två sätt. Det är möjligt att i mitten se formen av en kopp, eller, på sidorna, två mänskliga profiler. Genom en snabb observation registrerar våra sinnen en av de två betydelserna, men kommer det att vara den som motsvarar verkligheten? Hur många andra "tvetydiga" ramar uppfattar vi med utsikten från verkligheten som omger oss?

Frågan är: vem bestämmer vad som intresserar oss, och vem bestämmer vad som ska kasseras och vad, omvänt, att behålla?

Med hänvisning till dessa aspekter av mänsklig perception inledde några forskare som den tjeckiske psykologen Max Wertheimer och tyskarna Wolfgang Köhler och Kurt Koffka en rad studier som de gav namnet Formpsykologi (Gestaltpsychologie eller gestaltpsykologi).

Dessa studier syftade till att förstå principerna enligt vilka vissa upplevda element aggregerar för att komponera en "form" som dyker upp i bakgrunden, och ignorerar andra element som, även om de finns i uppfattningen, anses vara irrelevanta, som om de inte själva var en del av det uppfattade, kopplat till tanken och själen, då inser vi att de fem sinnena inte längre hjälper oss, tvärtom, de lurar oss ofta.

Koffka hävdade att det finns saker och "icke-saker": saker placeras i ett scenario av "icke-saker". Bilden av Mona Lisa träder fram mot bakgrund av ett landskap som för det mesta bara intresserar konstkritiker.

Figur 10 - I bilden av Kanizsa som visas ovan är en vit triangel perfekt synlig i mitten. Detta är dock inte ritat på något sätt och kan bara föreställas genom att ta hänsyn till teckningens komplexitet.

Istället minns miljoner människor som har observerat målningen, efter en viss period, vagt på sin höjd förekomsten av en bro (eller är det ett torn?). Vanligtvis kommer ingen ihåg exakt hur många cypresser som syns i bakgrunden.

I verkligheten leder vanan att förhålla oss till omvärlden genom de fem sinnena oss att omvandla all verklighet till saker: det är inte för inte som vi brukar säga på samma sätt när vi står inför ett objekt eller ett faktum som vi gör. förstår inte: Vad är detta?

För att accepteras av våra sinnen måste saker ha storlek och vikt, och de måste placeras på lämpligt sätt i förhållande till de andra sakerna runt omkring dem. En stol placerad bredvid ett bord är något som inte oroar oss, eftersom det kan hända om stolen dök upp och försvann eller svävade i luften.

Detta är sant så länge vi observerar scenen och analyserar den noggrant i detalj, det vill säga påtvingar oss en fullständig analys av situationen.

Detta är vanligtvis inte fallet. Våra sinnen är mycket snabbare, och det måste de vara eftersom scener är som strömmande floder, de kan förändras i storleksordningen bråkdelar av en sekund.

Därför analyserar sinnena aldrig hela situationen helt utan extraherar bara de väsentliga elementen och detta är i de flesta fall både vilseledande och godtyckligt.

Ett mycket nämnt exempel är att dela ut tretton kort i ett spel "Scalaforty". Om en spelare skulle få alla tretton hjärtan, från ess till kung, skulle det vara ett nästan mirakel. Faktum är att det bara finns en chans av 635 miljarder att en spelare kommer att tilldelas tretton kort i samma färg. Men om vi tänker efter så kan vilken kombination av tretton kort som helst bara hända en gång av 635 miljarder gånger, så varje distribution av kort representerar ett litet mirakel.

Det faktum att en spelare får tretton kort i samma färg är betydelsefullt och häpnadsväckande för oss, men i verkligheten är detta en helt normal händelse. Det är bara vi som tillskriver ett faktum som i sig är helt vanligt en extraordinär mening.

För gestaltpsykologi är en händelse av denna typ inte signifikant eftersom den är statistiskt sällsynt, utan för att den sticker ut starkt mot bakgrund av tusentals andra mindre linjära kortdistributioner.

Välkända exempel representeras av Kanizsas figurer.

Gaetano Kanizsa, född i Trieste 1913 och död i samma stad 1993 var en italiensk psykolog och målare. Hans far var en ungersk jude, hans mor en slovensk katolik. Efter gymnasiet skrev han in sig på den filosofiska fakulteten vid University of Padua, där Cesare Musatti introducerade honom för psykologi. På grund av raslagar fråntogs han italienskt medborgarskap. Efter Cassibiles vapenstillestånd flydde han till Rom, där han fick en position som forskare vid Institutet för psykologi i CNR.

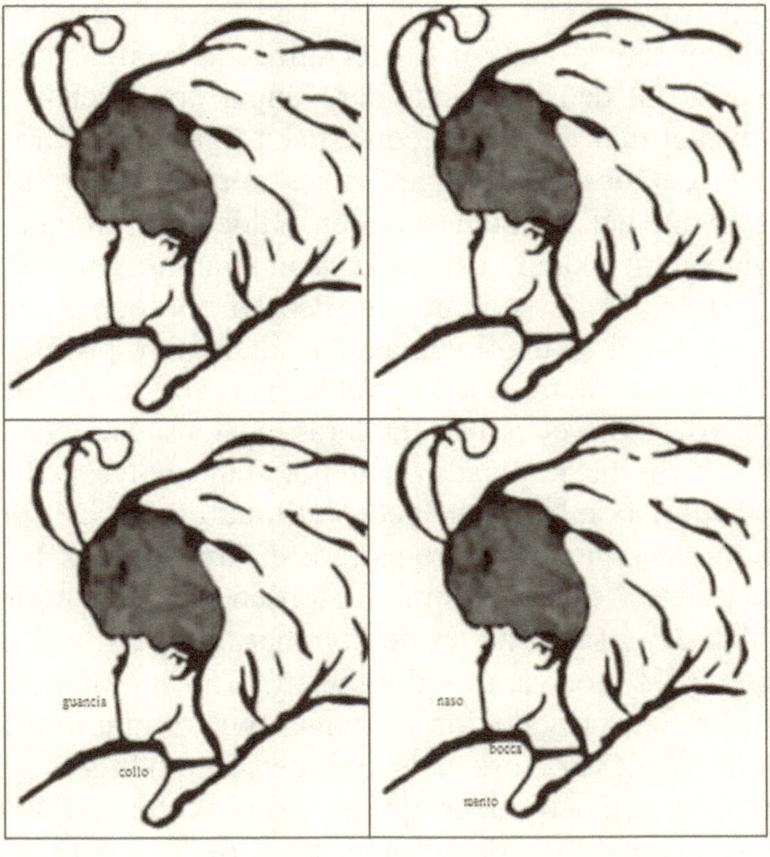

Figur 11 - Denna figur är svårare att dechiffrera och visar ansiktet på en ung kvinna eller, alternativt, profilen på en gammal dam.

Figur 10 visar tydligt en vit triangel. Detta är dock inte ritat på något sätt och kan bara föreställas genom att ta hänsyn till teckningens komplexitet. Även om den inte finns där, fångar den blickarna mycket mer än andra geometriska figurer. Inte nog med det, dess inre verkar "vitare" för oss än det vita som innehåller resten av bilden. Bilden bekräftar hur våra sinnen kan få oss att se saker som inte finns.

Figur 11 är svårare att dechiffrera och visar ansiktet på en ung kvinna eller, alternativt, profilen på en äldre dam. Det är mycket svårt att förstå båda betydelserna utan att veta deras existens. Men våra sinnen är inte kopplade till att noggrant analysera det ständiga bombardemanget av stimuli de får. Därför kommer sinnena att registrera en av figurens två betydelser och ignorera existensen av den andra. Men är vi säkra på att de kommer att spela in den som bäst motsvarar verkligheten? I 50% av fallen, inför en representation av denna typ, kommer våra sinnen att lura oss. De kommer förmodligen att registrera innebörden närmast vad vi skulle förvänta oss, det vill säga de kommer att vara "kompatibla" med vårt förvärvade kulturbagage. Detta innebär att, normalt sett, all intellektuell stimulans kommer att läggas åt sidan till förmån för bevarande och förstärkning av det befintliga.

Ett antagande av gestaltpsykologi är att våra sinnen uppfattar och organiserar uppfattningar längs några privilegierade, mystiska men stabilt fungerande linjer.

Koffkas studier har identifierat organisatoriska principer för uppfattningar.

Bland dessa är de viktigaste likheter, symmetri, närhet eller avstånd och andra.

Till exempel tolkas en serie snabba pip som en farosignal; två fårhundar i en fårflock särskiljas som ett par som skiljer sig från resten av figurerna; en serie av tre tätt placerade svarta fläckar, plus tre andra nära varandra men något på avstånd från de första, tolkas inte som en uppsättning av sex fläckar utan som två uppsättningar av tre.

En särskilt intressant princip är den om tidsmässig närhet. Vi tenderar att organisera de uppfattningar och signaler vi får utifrån också efter det tidsmässiga samband som förenar dem. Ett annat viktigt kriterium är förnuft. Det finns uppfattningar som hoppar till våra ögon som fyrar i natten, för hur de är fördelade över tiden och för känslan, innebörden av att de inspirerar oss.

Men här går vi in på ett annat område, det med betydande tillfälligheter.

Tillfälligheter, kollektivt undermedvetet, synkronicitet.

"Det vi vet om oss själva är bara en del, och kanske en mycket liten del av vad vi är utan vår vetskap."
(Luigi Pirandello, italiensk dramatiker, författare och poet)

Kraftfullare än de mest kraftfulla datorerna.

I det föregående kapitlet såg vi hur våra sinnen avsöker en enorm mängd data, som inte når vårt medvetande när den detekteras. Uppgifterna behandlas enligt procedurer som kan extrahera de som är av störst intresse för oss från massan. Därefter lagras den intressanta informationen enligt scheman med ett högt symboliskt innehåll. Detta gör att vi kan känna igen ett ansikte många år efter att vi senast såg det. I praktiken memorerar vi inte ansiktet som det är, utan snarare en form av ansiktet, några referenser som år senare kan spåras tillbaka till originalet.

Det är som om en viss mjukvara, som finns i vårt medvetande, manipulerade den nakna verkligheten som den ser ut för sinnena, förvandlade den till absolut flexibla former eller koncept, som kan anpassas och återanvändas efter behov. Detta gör det möjligt att kategorisera som en "stol" vilket föremål som helst som är utrustat med ett eller flera ben och en horisontell yta som är lämplig för att rymma nedre delen av ryggen.

Luktigenkänning är en extremt kraftfull funktion. Efter decennier kan vi känna igen en och omedelbart rekonstruera scenen där vi uppfattade den för första gången. Till exempel tar doften av strandgräs oss omedelbart tillbaka till skolresan som pojkar gjorde till en kuststad.

Ansiktsigenkänning är en av de privilegierade funktionerna i vår personliga programvara. Oavsett vilket konstigt panorama vi möter, kan vi omedelbart identifiera den möjliga formen av ett ansikte i arrangemanget av objekt och element. Vi känner lätt igen ansikten i molnformationerna, eller i de steniga utlöparna eller till och med i de fuktiga fläckarna på de gamla murarna.

I praktiken bearbetas varje stimulans som kommer direkt från sinnena av programvaran som finns i vårt medvetande och omvandlas så att den kan användas i efterföljande situationer; det är därför en programvara för inlärning och memorering, vars huvudsakliga funktion är att den är utrustad med en kraftfull återställningsalgoritm.

I datavetenskapens tidiga dagar stod varje elev som hade för avsikt att skriva små program inför problemet med att lagra och hämta data. För att till exempel vilja skriva ett litet program som kan indikera en nations huvudstad, skapade eleven en fil med två kolumner som innehöll national-huvudstadsparen (Italien - Rom, Frankrike - Paris, Spanien - Madrid, och så vidare).

Med namnet på nationen (Spanien) som indata till datorn, bläddrade maskinen igenom hela filen tills den hittade paret som innehöll Spanien och skrev ut resultatet på skärmen: Madrid.

Detta kallades sekventiell åtkomst, och det kunde fungera tills dataparen översteg några tusen, varefter systemet blev för långsamt för att vara riktigt användbart.

Idag lever vi i sökmotorernas tidevarv, som kan undersöka miljarder data. Naturligtvis är sökningen inte längre sekventiell. Sökmotorer har mycket sofistikerade algoritmer som kan extrahera information i tider som sträcker sig i storleksordningen millisekunder.

Du kan skriva "entanglement" i Googles sökrad, och du kommer att se att på 0,36 sekunder kommer det att indikera att det finns cirka 9 700 000 resultat (sökning i maj 2018).

Nåväl, långt innan människan utvecklade dessa algoritmer fanns något liknande om inte mer sofistikerat redan i det mänskliga sinnet. Våra mentala algoritmer kan extrahera information som är användbar för vårt dagliga liv på millisekunder genom att dra från en massa på miljarder miljarder megabyte som förvärvats under åren av våra sinnen. Men de kommer inte bara att indikera hur många referenser som finns: de kommer omedelbart att välja ut de mest användbara för oss i det ögonblicket.

Det är en fantastiskt och häpnadsväckande effektiv organisation. Är det möjligt att detta inte är något annat än frukten av evolutionens olika försök, misslyckanden och återförsök, som de materialistiska teserna skulle vilja hävda? Tvivel är legitima..

Fungerar det bara med enkla stimuli?

Vid det här laget måste vi fråga oss själva om vår mjukvara bara fungerar som vi har sett den hittills, bearbetar utan vår vetskap stimuli från sinnena, kasserar eller väljer enligt mystiska kriterier de intressanta formerna för att behålla och hantera denna massa av data utan något ingripande från vår sida. Eller om vi inte kan föreställa oss möjligheten av vårt aktiva engagemang.

Vi måste utgå från ett antagande. Om vår programvara är kapabel att urskilja vad som kan vara användbart och vad som inte är det, måste den nödvändigtvis vara utrustad inte bara med intelligens, utan också med förmågan att urskilja. Det vill säga, han måste veta vad som kommer att vara användbart för oss i framtiden, därför måste han ha en vision av vår existens som går bortom erfarenheterna från det förflutna och nuet, men som sträcker sig in i framtiden, in i de omständigheter och tillfällen som kommer att uppstå i framtiden. Därför bör vår programvara känna till vår framtid för att kunna bearbeta aktuell information på ett användbart sätt.

Om detta är sant, och det är det verkligen, så kan vi överge konceptet mjukvara, eftersom mjukvara inte är något annat än ett program byggt för att utföra vissa åtgärder. Hur intelligent en mjukvara än är, kommer den aldrig att vara intelligentare än programmeraren som skapade den.

En programvara som kan känna till det förflutna och framtiden går utöver mänskliga förmågor. Det som verkar i vårt samvete är inte en intelligent programvara, inte heller en mjukvara som utvecklats av en slump under artens evolutionära växlingar. Det är en Intelligens, eller snarare en redan existerande Visdom, som vi kan definiera som Universell Intelligens.

Universell intelligens känner till vårt förflutna, nutid och framtid eftersom den existerar i en annan dimension än den vi är vana vid att leva i, som består av materia som lyder under Newtons fysiks regler (gravitation, tid och så vidare).

Nivån av Universell Intelligens måste vara rent psykiskt; det är en nivå gjord av energi och information, där materia är frånvarande.

Är det möjligt att en sådan nivå finns? Visst ja, som vi kommer att se i de följande kapitlen. Kvantfysiken har avslöjat och experimentellt bekräftat existensen av denna nivå.

Kvantfysiken har verkligen inte bekräftat existensen av en universell intelligens på något sätt, men vi vill gärna föreställa oss att det finns, annars skulle en hel rad fenomen inte kunna förklaras på något sätt, inklusive de saker som redan sagts om intelligent lagring av former omarbetad från de råa uppfattningarna av våra sinnen.

Det speciella med denna intelligens är dess förmåga att etablera ett slags interaktivitet med våra samveten. Förutom den praktiskt taget automatiska rollen att konstruera och memorera de former som är användbara för vår överlevnad, konstruerar Intelligens livsinstruktioner och anvisningar. Vidare bygger Universal Intelligence förslag som syftar till förändring, korrigering, ofta helt enkelt på att förbättra vårt förhållande till verkligheten. Dessa förslag är kommunikationsformer som har studerats i decennier av den schweiziske psykologen Carl Jung. Han kallade dem betydande sammanträffanden, eller synkroniciteter.

Principerna för organisation av våra uppfattningar, som hanteras av vad vi har kallat

Universal Intelligence, gäller inte bara för verklighet som uppfattas ögonblick för ögonblick, uppfattad som en följd av distinkta fenomen, utan också för uppfattningen av fakta, fenomen och tillfälligheter som normalt verkar utan någon relation eller koppling mellan dem. Ibland dessa uppfattningar. dyka upp helt spontant, i vårt medvetande Vi ser logiska samband och intuitioner dyka upp som ger mening åt dessa sammanträffanden och gör dem betydelsefulla för vår förståelse.

Vi kan säga att Intelligens bygger synkroniteter för oss och gör oss kapabla att intuita det budskap som är gömt där. Detta är möjligt när vi uppskattar eventualiteterna och närvaron av synkroniteter, och undviker att överväga enbart slumpmässiga händelser.

Klockan som stannar i ögonblicket för sin ägares död utgör en betydande slump, för de två händelsernas samtidiga; detta skulle inte ha varit fallet om klockan hade stannat två dagar senare eller tidigare.

På samma sätt anses träffa en bekant från det förflutna, efter att ha drömt om honom den föregående natten, en betydande slump.

Carl Gustav Jung

Carl Gustav Jung var en av de främsta intellektuella gestalterna inom det psykologiska och psykoanalytiska tänkandet, psykiater, psykoanalytiker, antropolog och schweizisk filosof (fig. 12).

Han föddes den 26 juli 1875 i Kesswil, Schweiz, till Paul Achilles Jung, en protestantisk pastor och teolog, och Emilie Preiswerk. Han tog examen i medicin och började 1900 arbeta på det psykiatriska sjukhuset i Zürich.

Inledningsvis var han nära Sigmund Freuds tanke, och höll med om hans tolkningar av psykiska fenomen. De två träffades i Wien 1907 och vid det tillfället pratade de i tretton timmar.

Som ett resultat av detta samarbete började Jung kallas psykoanalysens "delfin", och det förväntades att han skulle efterträda Freud vid rodret för den psykoanalytiska rörelsen.

Oenigheter och brytning med Sigmund Freud.

Istället fanns det efter bara ett par år de första tecknen på deras meningsskiljaktigheter, ur vilka de två huvudsakliga historiska inriktningarna av psykoanalysen föddes, uppfattade av Freud som en terapi och av Jung som ett sätt att förstå psyket.

Denna dubbla vision etablerade sig snabbt, så mycket att Clark University redan 1909, efter att ha planerat en cykel av konferenser i USA, bjöd in dem båda.

Under resan med fartyg bestämde sig de två forskarna för att öva på att analysera varandras drömmar. Jung var dock inte nöjd med Freuds samarbete eftersom Freid, enligt hans åsikt, försökte dölja vissa aspekter av sitt privatliv som skulle ha varit oumbärliga för en bättre analys.

När Jung uttryckte denna förvirring förnekade inte Freud utan bekräftade att orsaken till hans återhållsamhet låg i det faktum att han inte kunde avslöja aspekter av sin egen personlighet som att äventyra hans auktoritet. Från det här avsnittet började Jungs aktning för Freud att blekna och det gjorde också hans uppskattning för sina teorier.

Till detta lades en fördjupning av en ganska plågad resplan för begreppsdifferentiering. Denna väg nådde sin höjdpunkt när Jung 1912 bestämde sig för att publicera sitt verk (Libido. Symbols and transformations) där han avslöjade alla sina teoretiska meningsskiljaktigheter.

I denna bok manifesterar Jung sin inriktning, som syftar till att utvidga analytisk forskning från berättelsen om individen till mänsklighetens globalitet: i själva verket, enligt Jung, finns det förutom ett individuellt omedvetet ett kollektivt omedvetet, som manifesterar dess närvaro och agerar. genom arketyperna.

I denna vision blir individens liv en väg genom vilken förverkligandet av det personliga Jaget äger rum. Jung kallar denna process för "upptäcktsprocessen".

Efter publiceringen av den här boken bröts hans förhållande till Freud. I en kommentar till Freuds tänkande sa Jung: "Hjärnan ses som ett bihang till könsorganen."

När det gäller innehållet i de två tolkningarna, och deras differentiering, måste vi erkänna att Jung till en början delade med Freud domen om psykisk ohälsa. Enligt dessa hypoteser kräver förståelsen av sjukdomar kunskap om patientens individuella historia och om de "förtrycksprocesser" som hänför sig till innehåll av uteslutande sexuell natur.

Senare formulerade Jung dock hypotesen att psykets fenomen inte är de som Freud beskrev. Enligt Jungs nya teori var dessa fenomen manifestationer av en energi som finns i naturen, libido.

Bild 12 - Carl Gustav Jung. Hans tanke postulerar att det förutom ett "individuellt omedvetet" finns ett "kollektivt omedvetet" som uttrycker sig genom arketyper. Individens liv ses som en väg, kallad "individueringsprocessen".

Libido och symbolerna.

Libido är en sorts vital impuls, en drivkraft som dynamiskt syftar till liv och bevarande av arten. Därför är det i psykologisk terapi inte nödvändigt att bara tänka på den biologiska komponenten. Detta skulle vara ett pessimistiskt tillvägagångssätt. Omvänt måste den andliga komponenten också hållas i åtanke. Denna komponent ger individen en sund spänning som syftar till att förverkliga förbättringen.

Enligt Jung kan libidos impulser också avledas mot immateriella begrepp och ambitioner och kan därför generera en andlig evolution. Psykisk sjukdom uppstår när denna evolutionära process blockeras; under dessa förhållanden uppstår neuroser. Libido fungerar genom att producera symboler. Tack vare detta kunde den primitiva människan överföra sina omedelbara impulser genom att orientera dem mot kreativitet och därmed initiera övergången från den instinktiva djurnivån till den kulturella.

Symbolerna för libido har innehåll som kommer bortom det individuella medvetandet och kan hjälpa till att förändra människans natur.

Några av dessa symboler är universella, vanliga och delas av alla individer. Jung kallar dem för arketyper, en term som kommer från grekiskan. Betydelsen av "arketyp" kan göras mer begriplig om vi definierar det som "originalbilder", "modeller", "virtuella bilder", "möjliga representationer".

Arketyperna motsvarar de erfarenheter som mänskligheten fått under hela dess evolutionära historia, samtidigt som de utvecklar medvetandet. De är mänsklighetens minne, och är inneslutna i ett utrymme som Jung kallar det "kollektiva omedvetna". Detta omedvetna är kollektivt eftersom det inte är individuellt utan delat, tillgängligt för hela mänskligheten och för varje enskild människa. Arketyperna som finns i det kollektiva omedvetna har makten att ingripa i enskilda individers liv genom att generera episoder som Jung kallar synkroniteter.

När han byggde upp denna teori hade Carl Jung kulturellt stöd och moraliskt stöd från den berömde Nobelprisfysikern Wolfgang Pauli (fig. 13) som uppmuntrade honom att göra sina slutsatser tydliga trots att Jung hade tvekat i flera år att göra det. Pauli övertalade Jung att tillsammans, 1952, publicera en bok som innehåller teorin om synkronicitet i form av en uppsats med titeln "Synchronicity as a Principle of Acasual Connections".

Symbolen.

Arketypernas symboliska karaktär ger till följd att även de synkroniteter som genereras av dem har symboliska aspekter.

Detta stöds av erfarenhet, och vissa jungianska analytiker tvekar inte att definiera synkroniteter som "dagdrömmar".

I själva verket är drömmar helt oberoende av vår vilja och vi skulle knappast kunna ingripa för att styra dem i vårt vanliga liv. Likaså är synkroniteter unika händelser som dyker upp i våra liv för att väcka förvirring och förundran. Synkroniciteterna är alltid omgivna av en aura av mystik på grund av sin symboliska form.

De märkliga sammanträffanden som vi ibland är huvudpersoner i har också ett symbolvärde, men deras upprepning kan vägleda oss mot att tyda symbolen och förstå budskapet. Detta, när det händer, följer mystiska procedurer. Ibland händer det: helt enkelt att vårt medvetande avslöjar innebörden av symbolen inför våra ögon, även om vi inte kan rekonstruera proceduren enligt vilken detta kunde ha skett.

Bild 13 - Wolfgang Pauli, mycket ung student vid Döblingergymnasiet i Wien. Som vuxen träffade han Jung för en terapeutisk behandling som snart resulterade i en gedigen vänskap och en brevväxling som varade i ett kvarts sekel.

Enligt den vanliga betydelsen är symbolen något som står i stället för något annat. För det mesta undslipper den dolda betydelsen av symbolen oss. Även om vi verkar ha det "på tungspetsen" surrar det runt oss utan att vi kan fatta det.

I denna mening genererar symbolen en spänning mellan det som dyker upp och det som undkommer förståelse, den innehåller en del av det kända och en del av det okända. Det representerar en utmaning för samvetet, medan samvetet lider av rastlösheten i ett olöst problem, en obesvarad fråga, en bonde som inte har någon plats.

Det är inte omöjligt att vinna utmaningen. Synkroniciteter har faktiskt funktionen att kommunicera meddelanden från det kollektiva omedvetna, med hjälp av vårt individuella omedvetna.

Ett mystiskt budskap flödar från det kollektiva omedvetna, skrivet på ett språk och med symboler som bygger på den evolution som hela mänskligheten upplevt och därför är otydlig till maximal grad för den syn som vår extremt begränsade erfarenhet tillåter. Låt oss säga att vårt samvete inte har ögon som är tillräckligt stora för att kunna visualisera och förstå budskapets totala innebörd.

När det passerar genom vårt individuella omedvetna försöker budskapet göra sig förståeligt för vårt samvete.

Förmedlad av det individuella omedvetna tar symbolen över saker som har hänt som vi inte längre minns, eller som vi vill glömma; rotar i ett lager av ruiner och fragment av förstörda byggnader som dock vid en given tidpunkt var bekanta för oss och använder dem för att uttrycka sig närmare vår erfarenhet. Samtidigt som den behåller sin kryptiska natur, blir den mer dechiffrerbar.

Om det inte var kopplat till det kollektiva omedvetna skulle vårt individuella omedvetna bara vara en sorglig värdelös sak, en kyrkogård av begravda upplevelser.

Tack vare det kollektiva omedvetna blir vårt individuella omedvetna ett värdefullt verktyg och förvandlas till mediet för spännande livsögonblick, av dagdrömmar som kan vägleda oss mot en andlig evolution och ett bättre liv.

Arketyper, idéer, koncept.

Ordet arketyp kommer från antikens grekiska och kan ha betydelsen original, modell, märke. Enligt vissa kan det också betyda p "början". Det användes först av Philo av Alexandria, en forntida grekisk filosof även känd som Philo the Jude, som bodde i Alexandria i Egypten och var en samtida med Jesus. Senare togs termen upp av andra grekiska filosofer som Dionysius av Halicarnassus och Lucianus av Samosata.

Utvecklingen av temat arketyper kan dock infogas i den platonska traditionen, där de framstår som idéer, det vill säga ursprungliga modeller av förnuftiga verkligheter. Vissa neoplatonister som Plotinus betraktade dem som redan existerande idéer i det gudomliga sinnet och modeller av skapade ting.

Inom denna tradition betraktar Jung arketyper som urbilder som utgör de kollektiva omedvetna, eller till och med primitiva former som myter och religioner bygger på.

Inom analytisk psykologi får arketyperna ett etiskt och affektionsvärde för subjektet och betingar honom mer eller mindre medvetet under hela hans existens.

I själva verket har arketyperna, så som de kommit till av Jung, av många författare jämförts med mytiska strukturer och populära sagor. I själva verket skulle de avslöja många likheter i betydelse med sagor och myter. Ömsesidigt finns det grundläggande ämnen inom myter och religioner som kan betraktas som arketyper. I sin bok "Psychological Types" konstaterar Jung: "De huvudsakliga mytologiska motiven från alla tider och av alla raser är förmodligen av denna (arketypiska) typ."

Det fjärde elementet exkluderat.

Jung var en skicklig föreläsare, som i alla fall lyckades intressera publiken även när den inte bestod av personer som introducerades till den vetenskapliga miljön. I motsats till freudiansk prosa, outsmyckad och mätt, vet Jung hur man uttrycker sin rika och odlade personlighet även i de mest tekniska eller systematiska verk. I detta kapitel hänvisar jag främst till tre av hans uppsatser, presenterade i form av föreläsningar. Den första, "Det kollektiva omedvetnas arketyper", skrevs 1934 och reviderades 1954. Den andra, "Konceptet om det kollektiva omedvetna", skrevs 1936.

Det tredje verket, "Synchronicity as a principle of acasual connections", publicerat 1952, är nästan ett kompendium av de första och är det där han fullt ut uttrycker sin teori om synkronicitet.

Jung var mycket ovillig att publicera denna uppsats, och först 1952 övertalade hans vän och korrespondent Wolfgang Pauli honom att göra det.

De två hade samarbetat i mer än tjugo år genom ett intensivt utbyte av idéer, just i dessa frågor.

Faktum är att Pauli, trots att han var en av kvantfysikens grundare, kapabel att vinna ett Nobelpris 1945, mycket delade Jungs idéer och skulle ha önskat att den vetenskapliga miljön skulle kunna övervinna misstro, skepsis och hån genom att ta hänsyn till möjligheten till en parallell väg och ett gemensamt språk mellan vetenskap och psyke, vilket kunde ha möjliggjort större förståelse.

Den intellektuella konfrontationen mellan Jung och Pauli genererade en forskning som kallas "det fjärde exkluderade elementet". Faktum är att föremålet för deras studier tenderade att lösa många av de tvivel som kvantfysiken väckte angående fullständigheten av triadmodellen för klassisk fysik: tid, rum, kausalitet; Jung och Pauli föreställde sig det "exkluderade fjärde elementet" som fick namnet synkronicitet.

Pauli fascinerades av möjligheten att lägga till det fjärde elementet i triaden.

Jung var för sin del fascinerad av de första studierna av subatomära partiklar som började avslöja otroliga egenskaper. Till exempel kan dessa partiklar förvandlas till vibrationer, eller så kan de försvinna och dyka upp igen på avlägsna platser i universum. Elementarpartiklar kan kommunicera över enorma avstånd via mystiska icke-fysiska förbindelser. Jung i såg begynnande kvantfysik, och även Einsteins relativitetsteori, som möjliga vetenskapliga bekräftelser på hans psykologiska begrepp om synkronicitet och det paranormala.

Pauli hade en djup intuition (som han sa hämtade mycket från hans drömmar) och en exceptionell förmåga att tänka.

Vid en mycket ung ålder publicerade han en artikel om relativitetsteorin som publicerades av "Enzyklopadie der mathematischen Wissenschaften". När Einstein, teorins fader, läste den, kommenterade han följande:

> "Vem som helst som studerar detta verk skulle inte tro att det skrevs av en ung man på bara tjugoen år gammal. Jag vet inte vad jag ska beundra mer: den psykologiska förståelsen av idéernas utveckling, noggrannheten i matematiska slutsatser, den djupa intuitionen, förmågan att presentera arbete med systematisk klarhet, saklig fullständighet eller kritisk ofelbarhet."

Tyvärr hade Jung, som alla genier, alltid mött kyla och oförståelse inför sina mest originella idéer från sina kollegor och sin arbetsmiljö. Hans ånger, och kanske hans lidande över att aldrig kunna involvera ens de närmaste personerna i sina intuitioner, framgår av sidorna i "Minnen, drömmar, reflektioner". Denna bok är ett slags dagboksbekännelse, anförtrodd åt Aniela Jaffès penna. Därför, när han mognade, hade Jung instinktivt intagit en attityd som var ovillig att offentliggöra sina mest avancerade teorier.

Det var Pauli själv som övervann sin återhållsamhet genom att övertyga honom om att ge ut en bok tillsammans, i vilken två uppsatser förekom; en av Pauli själv med titeln "Arketypernas inflytande på Keplers vetenskapliga teorier" och den andra, undertecknad av Jung, "Synchronicity as a principle of acasual connections".

Arketyper som "urbilder".

Boken som publicerades med Pauli representerade syntesen av årtionden av arbete. Första gången Jung använde termen arketyp går tillbaka till 1919, med anledning av ett symposium som hölls i London.

> ”I det omedvetna finner vi också egenskaper som inte har förvärvats individuellt, utan ärvts, det vill säga instinkter förstås som impulser till aktiviteter som kommer, utan medveten motivation, från en inre tvång. Till dessa läggs de former som existerar a priori, d.v.s. medfödda, av intuition, d.v.s. perceptionens

> och förståelsens arketyper, (...) Instinkter leder människan till ett specifikt mänskligt beteende. På liknande sätt anpassar arketyper perception och intuition mot specifikt mänskliga aspekter. Instinkter och intuitionens arketyper bildar det kollektiva omedvetna."

Jung utvecklade snart tron att arketyper var idéer utanför individuellt medvetande, alltid existerande och nära kopplade till urmyter. Händelsen som fick honom att på ett övertygande sätt omfamna tesen om förhållandet till myter berättas av honom själv i essän "The concept of the collective unconscious" skriven 1936.

> "Omkring 1906 stötte jag på en konstig vanföreställning, närvarande hos en paranoid schizofren som hade varit inlagd på sjukhus i många år. Patienten led från en ung ålder och var obotlig. Han hade studerat i en statlig skola och hade varit anställd som kontorist på ett kontor. Han hade ingen speciell böjelse och själv visste jag ingenting om mytologi eller arkeologi på den tiden. En dag hittade jag patienten vid fönstret, vred med huvudet och blinkade mot solen. Han sa åt mig att göra samma sak för att se något mycket intressant. När jag frågade honom vad han såg blev han förvånad över att jag inte kunde se någonting: "Du ser definitivt solens penis... när jag rör mitt

huvud fram och tillbaka, rör sig penis också. Från denna rörelse kommer vinden." Naturligtvis förstod jag inte denna konstiga idé, men jag memorerade den.

Sedan ungefär fyra år senare, under mina mytologiska studier, stötte jag på en bok av den avlidne Albrecht Dieterich, den välkände filologen. Boken kastade ljus över denna fantasi. Verket, som publicerades 1910, handlar om en grekisk papyrus från Nationalbiblioteket i Paris. Dieterich trodde att han hade upptäckt en mitraisk ritual i en del av texten. Texten är utan tvekan en religiös föreskrift om hur vissa besvärjelser fungerar i vilka Mithra heter. (...) Följande indikationer kan läsas i texten:

"Andas in från strålarna, andas in tre gånger så mycket du kan och du kommer att känna att du lyfts och går uppåt och du kommer att tyckas vara mitt i luftregionen... Du kommer att se gudarnas väg synlig genom skivan av solen, som är Gud, min far. Så även du kommer att se det så kallade röret, ursprunget till den hjälpande vinden. För du kommer att se något som ett rör hänga från solens skiva. Du kommer att se detta mot regionerna i väst, oändligt som en vind som blåser från öster. Om sedan en annan vind blåser mot öster, vänder visionen"

(...) Nu är det absolut omöjligt att patienten kunde ha haft någon kännedom om en grekisk papyrus som publicerades fyra år senare".

Jung betraktade denna episod som ett första bevis på ett nära förhållande mellan arketyperna som materialiserar sig i det mänskliga sinnet och symbolerna för antika mytologier.

Det kollektiva undermedvetna.

Det kollektiva undermedvetna är ett begrepp från Jungs analytiska psykologi. I motsats till det personliga undermedvetna som är individuellt, delas det kollektiva undermedvetna av alla människor och härstammar från hela mänsklighetens gemensamma förfäder. I denna mening representerar den en universell psykisk behållare, det vill säga en del av det gemensamma undermedvetna som delas av hela mänskligheten. Den innehåller arketyperna, det vill säga de former och symboler som är typiska för alla folk i alla kulturer (fig. 14).

Det är viktigt att notera att arketyper inte härrör från individens erfarenhet utan existerar a priori, som arvet från hela mänsklighetens erfarenhet. Vissa använder för att dela upp det kollektiva undermedvetna enligt olika skiktningar: det djupaste härrör från det förflutnas arkaiska rötter; den mellersta skiktningen innehåller värderingarna och sociala sedvänjor i det ögonblick vi lever, och en tredje skiktning innehåller mänsklighetens potentiella och möjliga framtida utveckling.

Jung presenterar och försvarar sin teori i essän "The concept of the collective unconscious", publicerad 1936.

Han introducerar begreppet genom att konstatera att det personliga undermedvetna har sin existens att tacka personlig erfarenhet och i huvudsak är sammansatt av innehåll som har varit medvetet, även om det kan ha glömts bort eller tagits bort efteråt.

Omvänt har innehållet i det kollektiva undermedvetna aldrig funnits i det individuella medvetandet och har därför aldrig förvärvats individuellt, utan har sin existens enbart att tacka för ärftlighet.

Följaktligen särskiljer han de två typerna av undermedvetna genom att hänvisa till deras innehåll: det individuella undermedvetna innehåller framför allt komplex, det kollektiva undermedvetna å andra sidan är i huvudsak format av arketyper.

Jung försvarar sin idé om arketyp som en redan existerande form och citerar andra forskare som Lévy-Bruhl som i sina studier om primitivers psykologi definierar arketyper som "kollektiva representationer". Jung citerar också Hubert och Mauss, som i sina studier av komparativ religion definierar arketyperna som "fantasiskategorier". Han citerar också Adolf Bastian som i sina etnologiska studier definierar arketyper som "elementära tankar" eller "urtankar".

Stärkt av dessa vetenskapliga konvergenser presenterar Jung sin avhandling, enligt vilken:

> "Förutom vårt omedelbara medvetande, som är helt personligt till sin natur och som vi tror

är det enda empiriska psyket (även om vi lägger till det personliga undermedvetna som en appendix) finns det ett andra psykiskt system av kollektiv, universell och opersonlig natur, som är identisk hos alla individer. Detta kollektiva undermedvetna utvecklas inte individuellt, utan går i arv. Den består av redan existerande former, arketyperna, som först kan bli medvetna vid ett senare tillfälle och ge en specifik form åt vissa psykiska innehåll".

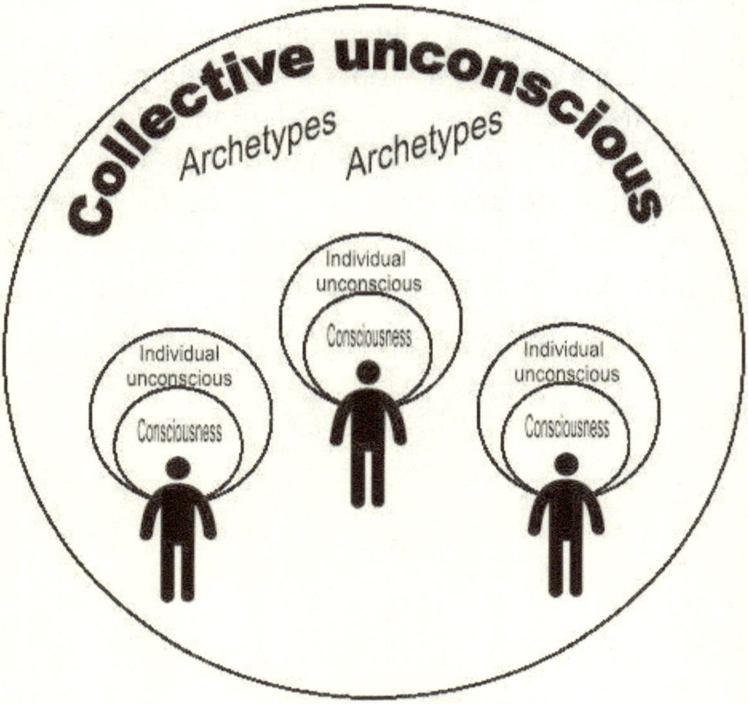

Figur 14 - Medvetandenivåerna enligt Carl Jung.

1. Det kollektiva undermedvetna är gemensamt för hela mänskligheten

2 Arketyper kommer från det kollektiva undermedvetna.

3 -4 Varje individ har ett individuellt undermedvetande och medvetande.

Jung fortsätter sedan med att illustrera innebörden av det kollektiva undermedvetna och börjar med att hänvisa till terapeutisk psykologi i Sigmund Freuds och Alfred Adlers vision, som uteslutande är personalistisk till sin natur och förnekar varje yttre bidrag eller koppling till individen.

Jung lyfter fram motsättningen som beror på att Sigmund Freuds och Alfred Adlers vision, hur individuell den än är, hänvisar till faktorer som inte bara är individuella, som till exempel den sexuella instinkten eller strävan efter självbekräftelse.

Inte ens Freud eller Adler kunde förneka existensen av instinkter som existerade a priori och fanns både hos människor och hos djur. Instinkter är verkligen inte personliga utan universella och nedärvda beståndsdelar av psyket, och fungerar ofta ovanför medvetandet. I denna mening visar instinkter mycket nära analogier med arketyper.

Följaktligen, enligt Jung, är hypotesen om existensen av ett kollektivt undermedvetet inte mer djärv än den som föreslår existensen av instinkter. Utifrån detta resonemang försvarar han sig från anklagelsen om mystik som riktas mot hans teori om det kollektiva undermedvetna. Precis som instinkterna kan påverka individers tanke, medvetande och handling på ett helt mystiskt sätt, kan arketyperna för det kollektiva undermedvetna göra detsamma.

Den jungianska individuationsprocessen.

I det första kapitlet av sitt verk "Aspects of the contemporary drama" skriver Jung så här:

> "Arketyper är som flodbäddar övergivna av vatten, som dock kan välkomna vatten igen efter en viss tid. En arketyp liknar en bergsravin i vilken vattnet (livets ström) länge har runnit. Ju mer vattnet har grävt denna bädd, desto mer har det hållit denna riktning, desto mer sannolikt är det att det förr eller senare kommer tillbaka till den".

Psyket består i huvudsak av en medveten del (medvetenhet) och en omedveten del, där vi kan särskilja det individuella undermedvetna och det kollektiva undermedvetna.

Dynamiken mellan de två delarna (medvetet - undermedvetet) anses av Jung vara motorn som tillåter individen att möta en lång resa som syftar till att förverkliga sin egen personlighet.

Samspelet mellan det medvetna och det undermedvetna genererar en process som Jung kallar "individuation". På denna väg möter och konfronterar individen de omedvetna aspekterna (arketyperna) av sin egen personlighet: genom att möta dem kan han vidga sitt eget medvetande.

Individuationsprocessen representerar en väg för integration och enande av de komplex som bildar personligheten, dvs. ett progressivt förhållningssätt för Egot med Jaget, genom en väg som leder till medvetenheten om Jaget och till Egots befrielse från dess inre konflikter.

Jung menar att psykoanalysens uppgift är att upprätta en hierarkisk relation mellan "jaget" och "egot", just med tanke på att det första är helheten medan det andra bara är en del. Detta förhållande bör möjliggöra ett återupptagande av det harmoniska närmandet mellan de två, när detta har stoppats av en neuros som är ett resultat av en skärpning av kraven från "Egot" med avseende på de individuella behoven hos "Självet" (därav namnet : individualiseringsprocessen).

Ansatsen sker genom att dechiffrera innebörden av de symboler som individen möter under sitt liv. Symbolerna kan hittas både i den inre världen, genom de regressiva och progressiva rörelserna av libido, och i den yttre världen, tack vare episoderna av synkronicitet. Därför är synkroniteter ett giltigt hjälpmedel i utvecklingen av individualiseringsprocessen.

Under detta ljus är individuation frukten av det kontinuerliga samarbetet mellan Medvetande, Undermedvetet, Ego och Jag. Individualiseringsprocessen representerar en andlig resa mot större självmedvetenhet. Framsteg på resan känns igen på dess milstolpar..

Första etappen: arketypen av skuggan.

Det första stadiet kännetecknas av skuggans arketyp, det vill säga alla de aspekter som individen inte känner till eller vill dölja om sig själv, liksom allt som har tagits bort efter kompromisserna på grund av utbildning och miljöpåverkan.

The Shadow representerar den mest obehagliga och negativa delen av psyket; det sammanfaller med även de lägsta instinktuella impulserna, som vi normalt tenderar att förtränga. Den representerar också de laster och böjelser som individen tenderar att förneka att vara hans, men som trots detta påverkar hans beteende och visar sig med avskyvärda sidor av karaktären eller med "frestelser" som den medvetna delen försöker ignorera.

Denna arketyp kan manifestera sig i drömmar och symboler med demoniska figurer, monster och jakter, mardrömmar levde i mörkret.

En arketyp som ofta nämns tillsammans med skuggan är den av person.

Personen (från latin, "skådespelarens mask") är en arketyp som anger vilken roll subjektet spelar i det sociala sammanhang som han agerar i. Personen är just masken, täckidentiteten som vi agerar under och tack vare vilken vi är vad andra vill att vi ska vara och vad vi tror att vi är.

Andra etappen: arketypen av Anima eller Animus.

Det andra stadiet kännetecknas av mötet med arketypen Anima (för hanen) och Animus (för honan). Trots namnet som påminner om själen hänvisar det inte till något religiöst eller dogmatiskt begrepp.

Bilden av anima projiceras av män på kvinnor, medan det hos kvinnor är motsvarande arketyp, animus, som projiceras på män.

Själen representerar kontakt med de psykiska och mentala aspekterna, d.v.s. individens första tillvägagångssätt med sin psykologi, nästan en initieringsrit. Det är dörren som ger tillgång till den transcendenta världen.

Det är en arketyp av stor kommunikation eftersom den presenterar många omedvetna bilder, skapar missförstånd, bygger illusioner och följaktligen också kriser.

I denna mening är konfrontationen med själen mycket mer krävande än den med skuggan; det handlar om att gå in i territorier där det finns risk att krossas. Allt som Själen rör vid blir numinöst, det vill säga absolut, farligt, tabubelagt, magiskt.

Animus (manlig del av kvinnor) representerar typiskt praktiska och konkreta, rationella och verkliga aspekter. Den är representerad i drömmar med krig, smeden och liknande symboler. Den har innehåll av reflexivitet, kontroll, analys, viktning, rationalitet, beräkning, beslut, programmering, distinktion.

Dessa två arketyper ger oss en bred bild av hur dubbelt psyket kan vara.

Enligt Jung innehåller varje arketyp en aspekt av livet och dess motsats, det är underförstått att båda har sitt eget värde och sin plats. Däremot är Freuds tanke centrerad kring konflikter och kampen för att eliminera en av de två.

Enligt Jung ger psykets dualitet en underkastelse som övervinner övergrepp och kärlek som övervinner hat. Det måste också finnas ett harmoniskt samarbete mellan det medvetna och det omedvetna.

Jungiansk dualitet förblir också giltig med avseende på mångfalden av kön, eftersom psyket har maskulina och feminina energier inom sig, och varje man har en feminin sida, precis som varje kvinna har en maskulin sida. Det är uppenbart att var och en besitter en dominerande energi, men ändå värdar, om än i bakgrunden, även den motsatta.

I basrelieferna av indiska tempel representeras det maskulina och feminina som en man och en kvinna som omfamnar; allegoriskt är de två universella figurer. Den initiala enheten mellan de två genrerna framgår också av religiösa eller mytiska berättelser, där vi läser att Eva föddes från Adams revben och Athena kom ut ur huvudet (eller kalven) på Zeus.

Tredje etappen: arketypen för den "kloke gamle mannen.

Det tredje stadiet motsvarar mötet med arketypen av den "kloke gubben", som kan förstås som den manliga fadersfiguren, som speglar arketypen av Grance Madre. Individens hela upplevelse är innesluten i den Gamle Visen, och med den hela hans förmåga att resonera och förutsäga. Det representerar det transformativa mål som man når efter att ha konfronterat sig själv med arketyperna från de tidigare faserna. I detta tillstånd blir man kapabel att utvärdera det förflutna, nuet och framtiden. Den vise gamle mannen framställs som en filosof som kan ge råd.

"Den stora mamman" representerar det yttersta målet för kvinnlig psykologi. Inom jungiansk psykologi är det en arketyp av stor och ambivalent makt, på samma gång förstörare och frälsare, som föder och slukar. Den är klädd i helighet, så att den är en av det omedvetnas numinösa krafter.

Fjärde stadiet: arketypen av Jaget.

Jagets arketyp är det slutliga skälet till individualiseringsprocessen, det vill säga individens anledning att existera, som uppenbarar sig för honom och öppnar sig inför honom som en blommande blomma.

Det är avbildat som ljus, quatern, mittpunkt. Dess symbol kan vara mandala, en figur som i den buddhistiska och hinduiska religiösa traditionen representerar kosmos och är målad på tyg eller fresker på tempelväggarna.

Jaget representerar individen själv, med all den erfarenhet och kunskap han har samlat på sig på sin individualiseringsväg. När individen möter Jaget betyder det att neuroserna är besegrade och inre harmoni har uppnåtts.

Därför är Jaget målet, kulmen på förverkligandet av personligheten, en topp där alla medvetna och omedvetna aspekter av individen konvergerar och förenas.

Andra klassiska arketyper representerar universella bilder som samtidigt uttrycker positivitet eller negativitet: vatten, tal, hjälte, magiker, rebell, suverän, oskyldig, Apollo, många religionsfigurer, etc.

När arketyperna hänvisar till mytiska, religiösa eller legendariska gestalter kallas de av Jung för "numinösa makter", och tar upp en term som redan myntats av Rudolf Otto, tysk teolog och religionshistoriker.

Jung och alkemi: individuation och "Opus alchemicum".

Den sista boken som skrevs av Jung 1956 har titeln "Mysterium Coniunctionis" och handlar om den homonyma arketypen, som syftar på det heliga eller "alkemiska" äktenskapet mellan solen och månen. Jung fokuserade på alkemi i många av sina verk och försökte lyfta fram betydelsen av "Opus alchemicum" (alkemiskt arbete) som en andlig strävan.

Hans forskning syftade till att upptäcka analogierna mellan alkemiska processer och de som är relaterade till den psykiska sfären. I synnerhet analyserade han de faser genom vilka det alkemiska arbetet skulle äga rum, det vill säga förfarandet för att erhålla de vises sten. Denna procedur omfattar några steg, som ursprungligen var fyra:

- "Nigredo" eller svärtning, förknippad med jordelementet.
- "Albedo" eller blekning, associerad med vattenelementet.
- "Citrinitas" eller gulfärgning, associerad med luftelementet.
- "Rubedo" eller rodnad, associerad med eldelementet.

Dessa fyra stadier skulle motsvara den psykiska processen av individuation.

I synnerhet skulle det första steget av identifiering, det vill säga jämförelsen med arketypen av skuggan, hitta överensstämmelse i fasen av den alkemiska processen som kallas "nigredo".

"Nigredo" är en latinsk term som betyder "svart färg" eller "svarthet". Det markerar "Phase to Black" av Opus, början på processen att skapa de vises sten. Och stadiet av förruttnelse och nedbrytning. Detta är det mest känsliga ögonblicket, symboliserat av en svart kråka. I denna fas är det nödvändigt att låta alla ingredienser dö, macerera och koka dem under lång tid tills en mörk massa bildas.

Det andra stadiet, det vill säga mötet med Anima eller Animus, skulle hitta motsvarighet i Opus-fasen av "albedo", en latinsk term som betyder "vithet". Denna fas symboliseras av en vit svan och kallas "Opera al Bianco". Den består i reningen av den formlösa massan som härrör från "nigredo", för att tvätta bort föroreningarna och förbereda den för nästa fas. På kemiskt språk motsvarar det destillation. Metaforiskt, med denna passage är själen befriad från köttets band.

Det tredje stadiet, det vill säga mötet med den vise gamle mannen, skulle motsvara fasen av den alkemiska processen som kallas "Citrinitas".

"Citrinitas" är fasen av gulning eller förbränning av materialet i Opus. Dess färg är citringul, en symbol för vilja och ett dynamiskt samvete. Från den initiala förruttnelsen erhölls en destillerad förening, avsedd för sublimering.

Det fjärde stadiet, av individuation, d.v.s. mötet med Jagets arketyp, skulle finna överensstämmelse i det stadium av Opus som kallas "Rubedo".

Den latinska termen rubedo kan översättas som "rodnad". Den representerar den "röda fasen" och är fullbordandet av den kemiska transmutationen, som bör sammanfalla med förverkligandet av de vises sten som kan omvandla oädla metaller till guld. "Rubedo" äger rum på grund av effekten av eld, det vill säga av Anden. Dess symboler är fenixen, den röda rosen, ägget, en krönt kung.

Rubedon har också andra symboliska värden, kopplade till att rött i den alkemiska traditionen representerar mellanfärgen mellan svart och vitt. Därför representerar den sammansättningen av motsatser och föreningen mellan ande och materia eller mellan maskulint och feminint.

Slutligen, precis som "nigredo" motsvarade alkemistens fysiska kropp och "albedon" till hans själ, motsvarar "rubedon" hans ande, det vill säga den högsta delen av de tre ingående elementen i människan.

Synkroniciteten.

Det är i hjärtats område som det spontana
erkännandet av kopplingar äger rum som sinnet
ofta förstår först senare. Dessa samband till en
början nästan oförklarliga men uppfattade med
absolut säkerhet definieras som synkroniteter, eller
tillfälligheter, eller helt enkelt mirakel.
(Ruediger Schache, Råd från hjärtat)

Jung förklarar till fullo sin teori om synkronicitet i uppsatsen "Synchronicity as a Principle of Acausal Connections" Han börjar sitt resonemang med att definiera begreppen kausal - aausal.

Jung börjar sin utläggning med att betona hur konceptet som ligger till grund för naturlagarna är att varje händelse beror på en orsak. Detta är dock inte alltid sant; det finns händelser i naturen som inte är kopplade till varandra genom orsak-verkan samband och därför måste tolkas olika.

Det skulle vara ett meningslöst företag att leta efter dessa händelser i den makrofysiska världen, om så bara för att det skulle vara omöjligt att förklara dem. Låt oss föreställa oss en biljardboll som rör sig utan någon knuff. Bollen har inte fått inverkan av en annan boll, vindens tryck, den är inte på ett lutande plan. Faktum är inte trovärdigt. inte ens om många vittnen berättar det.

Detta är en bekräftelse på begreppet determinism, enligt vilket varje fysiskt fenomen eller händelse nödvändigtvis bestäms av ett annat fenomen eller händelse som inträffat tidigare.

För att ett fenomen ska beaktas räcker det inte med ett enda vittnesmål, det behövs många. Trots detta, även när det finns många vittnesmål, kommer fenomenet att fortsätta att förnekas i avsaknad av repeterbarhet, det vill säga möjligheten att återskapa det normalt. Repeterbarhet måste vara möjlig under alla analoga förhållanden. Ibland kan dock även ett sällsynt fenomen tas i beaktande, vilket sker inom biologin, där ett enda exemplar av en okänd art gör hela artens existens trovärdig.

Frågan som Jung ställer sig är: finns det, på ett absolut generellt sätt, möjlighet att få bekräftelse på händelser utan orsak? Finns det händelser utan en avgörande orsak?

Hans svar är positivt. Jung syftar på "slumpens" värld, där händelser inte tycks vara kopplade av orsakssamband med andra händelser.

När vi talar om slumpen är det vanligt att hävda att även de händelser som definieras som "slumpmässighet" eller "slumpar" kan förklaras. När dessa händelser inte kan hänföras till en orsak beror det bara på att vi inte känner till det .

Men, fortsätter Jung, principen enligt vilken varje händelse måste ha en orsak är relativ, det vill säga den är endast tillämplig på kontexten av den makrofysiska verkligheten, den i vilken vi lever. Följaktligen, även om man medger att de allra flesta händelser måste ha en orsak, utesluter detta inte möjligheten att vissa händelser kanske inte har en.

Bland de allra flesta orsaksrelaterade händelser kan de sällsynta fall där det inte finns någon orsak hittas där ett orsakssamband vid noggrann granskning verkar otänkbart. Här ger Jung ett exempel:

> "Om jag tvingas försäkra mig om att min spårvagnsbiljett har samma nummer som den teaterbiljett som jag köper direkt efteråt, och om jag under loppet av samma kväll får ett telefonsamtal med samma nummer, tycks det vara ett orsakssamband. ytterst osannolikt, och

till och med den vildaste fantasi skulle inte tillåta mig att tro att det kunde finnas ett förhållande, även om varje fall för sig lika uppenbart har sin orsak.

Det är uppenbart att alla tillfälligheter kan vara som mål som träffas av en slump, men denna teori kan vara giltig så länge den inte överstiger en rimlig sannolikhetsnivå. När denna tröskel överskrids är det uppenbart att komplexet av tillfälligheter blir oförklarligt och inte kan hänvisas till någon orsak.

Jung medger möjligheten att en gruppering av tillfälligheter enbart kan bero på slumpen.

Det kan dock finnas grupper av "konstiga tillfälligheter" som får ett annat och högst betydande värde för huvudpersonen. Det är de fall där den inblandade lyckas koppla samman sammanträffandena och ge dem en mening.

Förekomsten av dessa grupper av tillfälligheter innehåller en numinös komponent, det vill säga mystisk, helig, vilket gör dem betydelsefulla, och när detta händer ger Jung gruppen namnet synkronicitet.

För att illustrera betydande sammanträffanden grupperar Jung dem i tre kategorier.

Den första föreskriver att det finns ett samband mellan ett psykiskt tillstånd hos subjektet och en samtida och objektiv händelse, som motsvarar det psykiska tillståndet. Ett exempel är episoden som berättas av Jung själv: medan en patient berättade för honom att hon hade drömt om en skalbagge som liknar en skalbagge, smällde en insekt av den typen in i studiefönstret.

Den andra kategorin av betydande sammanträffanden ger att det finns en koppling mellan ett subjekts psykiska tillstånd och en yttre händelse, som äger rum på en annan plats men kan verifieras senare. De otaliga vittnesmålen om drömmar som tillkännager en persons död, som sedan visar sig ha inträffat samtidigt med drömmen, kan användas som exempel.

Den tredje kategorin föreskriver att det finns ett samband mellan patientens psykiska tillstånd och en händelse som ännu inte har inträffat, men som kommer att inträffa i framtiden. Det kan till exempel hända att du plötsligt tänker på någon du tappat kontakten med och träffar honom dagen efter.

I alla tre fallen är behovet av existensen av ett psykiskt tillstånd uppenbart som gör det möjligt för subjektet att fånga upp de signaler som förebådar händelsen, tillskriva dem en mening och i sig själv motivera den anklagelse om förväntan som kommer att sammanfalla med händelsen. sig.

Tyvärr ignoreras ofta de signaler som vi skulle kunna definiera som förutseende, hur många de än är, eftersom vi naturligt är vana vid att se världen enligt parametrarna för deterministisk fysik och att frånvarande betrakta ovanliga händelser och konstiga tillfälligheter, som vi nedgraderar till fall utan betydelse.

Födelse av en synkronitet.

I sin skrift "Synchronicity as a Principle of Acausal Connections" publicerad 1952, citerar Jung ett exempel på synkronicitet:

> ”För att nämna ett exempel bland många har jag noterat följande fall daterat den 1 april 1949. Idag är det fredag. Vi har fisk till lunch. Alla minns en passant användningen av "aprilfisk". Under förmiddagen hade jag kommenterat en inskription: "Est homo totus medius piscis ab imo". På eftermiddagen visar en före detta patient som jag inte sett på flera månader några särskilt suggestiva bilder på fiskar som hon har målat under tiden. På kvällen visar de mig ett broderi som föreställer havsmonster i form av fisk. Tidigt på morgonen den 2 april berättade en före detta patient som jag inte hade sett på flera år för mig en dröm där hon, när hon befann sig på stranden av en sjö, såg en stor fisk simma snabbt i hennes riktning tills den "flög" till hennes fötter. Under denna period är jag upptagen med en forskning vars tema är fiskens historiska symbol. Endast en av personerna ovan vet detta. Det är uppenbart misstanken att det i det här fallet kan vara en betydande slump, ett tillfälligt förhållande. Jag måste erkänna att denna koncentration imponerade på mig. För mig hade den en viss

numinös karaktär. I sådana fall är det känt att säga: "Det kan inte vara en ren slump!". Fisk dyker ofta upp som symboler för omedvetet innehåll."

I formpsykologins språk är signifikans den egenskap som skiljer 'saker' från 'icke-saker', den centrala scenen från bakgrunden, de relevanta handlingar som utgör de irrelevanta formerna och konturerna.

Vi skulle kunna dela in uppfattningar i fotografier och videor, för att antyda att det inte bara finns ögonblickliga uppfattningar, jämförbara med foton. Vi uppfattar ofta några mer strukturerade situationer, med egen utvecklingstid, komplexa händelser som sticker ut mot bakgrund av andra händelser, som händer i filmer där den centrala handlingen fångar all uppmärksamhet på bekostnad av konturen.

I det här fallet talar vi om händelser, omständigheter, betydande sammanträffanden, var och en med sin egen betydelse. Tillsammans bidrar de till att bygga en mer komplex form, uppbyggd av filmklipp, var och en oberoende av varandra, men överlag utrustade med en symbolik som hänför sig till händelserna och behoven i vårt liv. I det här fallet talar vi om synkronicitet.

Figur 15 - Låt oss föreställa oss att den prickade kvadraten omsluter en period av en persons liv, som vi anger som Filip. En dag, en vecka eller mer. Varje punkt representerar en av otaliga händelser som inträffade under denna period.

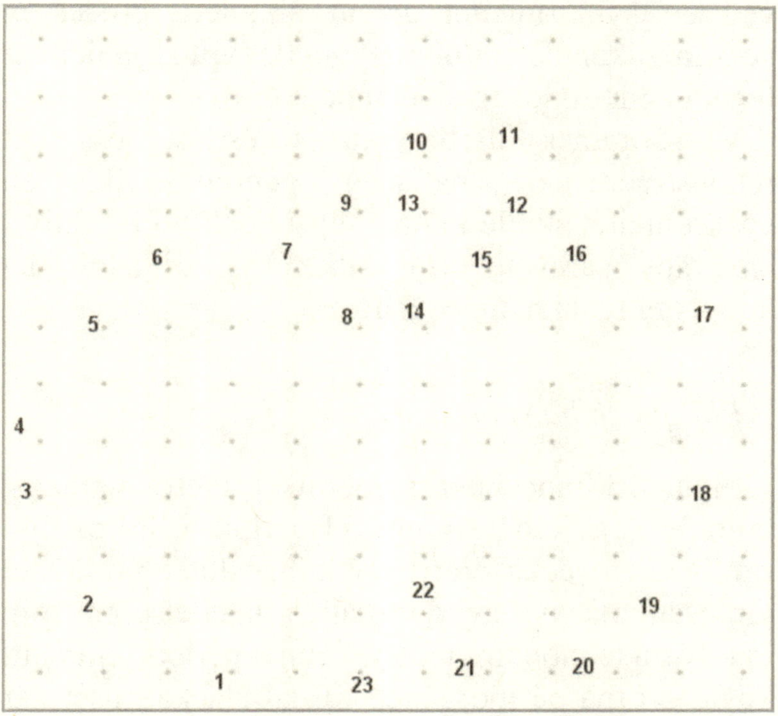

Figur 16 - Naturligtvis är vissa episoder mer relevanta än andra. Sedan finns det några (de markerade i fetstil) som får ett särskilt betydande värde för Philip, även om han själv inte kan förklara orsakerna.

Förmodligen är den enklaste metoden att förklara vad en synkronicitet är att simulera processen genom vilken den är uppbyggd, det vill säga den tar form i en individs medvetande.

Vi kommer därför att föreställa oss att rekonstruera de passager genom vilka en synkronicitet skulle kunna uppstå och bli effektiv i en väns samvete, till vilken vi tilldelar det konventionella namnet Filip.

Philip och hans äktenskap.

Figur 15 innesluter symboliskt i ett avgränsat område (en kvadrat) en tidsperiod i Filips liv, rimligen en vecka. Varje prick innesluten i området representerar en av de otaliga händelserna som involverade honom under denna period, från att knyta skorna på morgonen till att släcka ljuset när han gick och la sig på kvällen. Varje prick har sin betydelse, men visst är vissa händelser mer relevanta än andra, som det till exempel kan vara ett beröm man fått på jobbet jämfört med att kasta ett avslag i papperskorgen.

Det finns dock vissa situationer som fortfarande är särskilt inpräntade i Philips sinne, även om han inte vet varför. Det är händelser som inte är kopplade till varandra och inte heller har någon betydelse för hans vardags ordinarie gång.

De är helt enkelt ljusblixtar som bländar sinnet precis som blixtar kan blända ögat. Som vi vet tar effekten av en blixt lite tid att befria ögat från obehag, och därför fortsätter också den märkliga känslan som väcks av vissa händelser att flimra i sinnet, utan någon speciell anledning.

I figurerna 16 och 17 ville jag representera allt som om det vore det berömda spelet "Connect the dots".

Faktum är att Philip måste sträva efter att koppla ihop de märkliga fakta, drömmar och tillfälligheter för att få mening av dem, det vill säga att konstruera en form som ger en gemensam mening till händelser som uppenbarligen inte borde ha något gemensamt.

Natten mellan måndag och tisdag drömmer Filippo en konstig dröm. Den ligger på en ö i Stilla havet, och är involverad i en fest som anordnas av invånarna i en by. Många dansar, andra spelar instrument som är karaktäristiska för platsen och ytterligare andra bjuder på blomkransar, allt i en atmosfär av fridfull glädje. En ung kvinna går fram till Philip och sätter en krona av färgglada och väldoftande blommor på hans huvud, som vilar på hans axlar och faller ner på hans bröst. Plötsligt, medan han deltar i den festliga atmosfären, sänker Filippo blicken och ser en liten insekt som glider ut ur blommans blomkål och börjar knapra på dess kronblad. Strax efter dyker andra insekter upp och attackerar alla blommor. Dessa vissnar och ruttnar snabbt. Drömmen håller på att förvandlas till en mardröm; Filippo vaknar med ett ryck och inser att han bara har haft en obehaglig drömupplevelse, men bilden av de praktfulla blommorna som ruttnar framför hans ögon förblir levande i hans medvetande.

Följande dag upptäcker han att en dokumentär om Romarrikets militära organisation sänds på en TV-kanal som han inte brukar se. Han har alltid varit intresserad av det antika Roms historia, så han bestämmer sig för att följa föreställningen. Videon presenterar organisationen av ett "castrum". "Castrum" var lägret som varje legion fick bygga på några timmar i slutet av en dagsmarsch. I början grävde militären ett dike och reste en palissad inuti det. Inne i lägret delades landet av "Via Principalis" och "Via Praetoria". I de olika sektorerna fanns befälets tält, officerare och soldater. I slutet av lägrets byggande frambar befälhavaren ett offer till gudomligheterna och åberopade skydd av det nyuppförda lägret.

"Hur konstigt, - tycker Filip, dessa män offrade gudarna vid varje tillfälle. Därför, varför byggde de inte på ett så välorganiserat fält också ett litet tempel åt gudarna?".

Denna tanke förvånar honom: han skulle aldrig ha föreställt sig att han skulle oroa sig för att bygga ett religiöst tempel. Filippo vill lägga tanken åt sidan men den snurrar hela tiden i hans huvud.

Det tredje märkliga sammanträffandet inträffar efter ett par dagar, medan han arbetar på kontoret, och han kommer på sig själv med en nylonmarkör som har stått utan lock för länge och därför är bläcket på spetsen torrt. Otålig kastar han den i papperskorgen. Guido, en kollega, ingriper och säger till honom:

”Släng inte det, ge det till mig. Med lite tålamod ska jag regenerera den och använda den för meddelanden att sätta upp på klubbens anslagstavla".

Guido är sekreterare och factotum på bowlingklubben som de båda går på och där man på grund av knappa resurser brukar spara på allt.

Filippo slås av bilden av klubbens anslagstavla av behovet av att skriva med återvunna tuschpennor.

På några dagar, obegripligt nog, lockades Filippo av en rad nyfikna och helt osammanhängande fakta. Han börjar undra om allt är vettigt.

Han drömde om att färska blommor skulle bli bortskämda av skadedjur. Avsaknaden av ett hedniskt tempel överraskade honom. Tänk på en anslagstavla skriven på med markörer från papperskorgen.

Plötsligt, som i en blixt, exploderar den gemensamma kopplingen bokstavligen i Philips sinne.

Den gemensamma nämnaren är förstås en kyrka. Inte vilken kyrka som helst, utan den lilla kyrkan där han gifte sig. Blommorna är ceremonin, templet är själva kyrkan, anslagstavlan är den som innehåller meddelandet om vigsel.

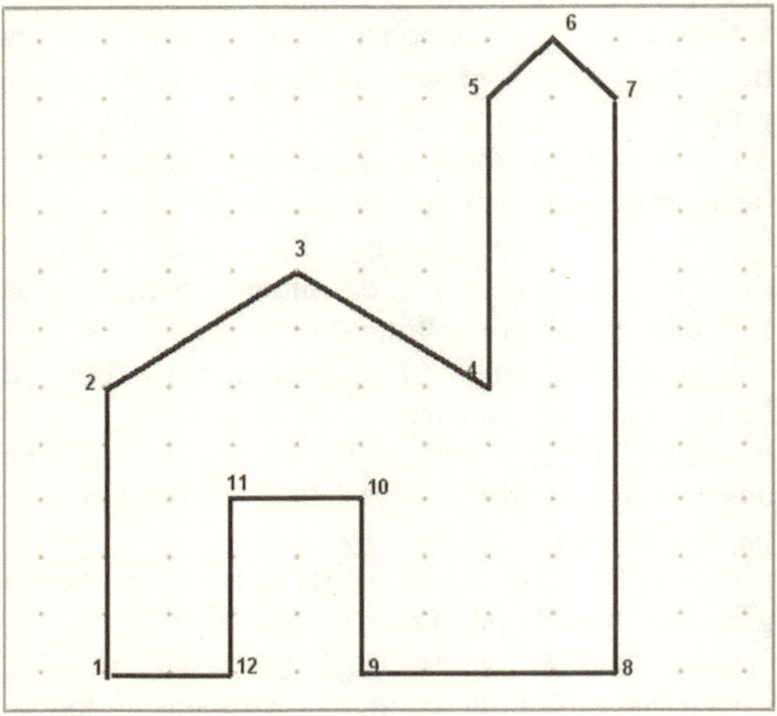

Figur 17 - Betydande tillfälligheter tillåter en "form" att materialisera sig i Philips samvete, vilket kan hända i spelet "Anslut prickarna".

I vår metafor om spelet "Anslut prickarna", som kan ses i figur 17, kopplar Philip ihop prickarna och får formen av kyrkan, som han omedelbart identifierar som den där han gifte sig.

Det räcker ändå inte, kyrkan är helt enkelt en symbol, summan av många symboler.

Filippo måste komma att förstå budskapet bakom dessa symboler: blommorna som angrips av insekter och röta, votivtinningen som inte finns där, nylonpennan som har tagit slut. Allt detta kopplat till kyrkan där hans äktenskapsäventyr började, får honom att förstå att hans liv som par har lidit av viss försummelse och att hans äktenskap upplever en svår stund. Försämringen av äktenskapssituationen skedde samtidigt som han, som var upptagen med arbete och dagliga sysslor, inte märkte det.

Om Philip kan tyda synkroniteten i vilken han var huvudpersonen kommer han förmodligen att kunna rädda sitt äktenskap.

Matteus och frekvensen av siffran 31.

Det andra exemplet jag presenterar är baserat på den ovanliga frekvensen med vilken ett nummer kan komma till vår uppmärksamhet. Vi kommer att prata om Matteo och hans upprepade möten med nummer 31.

En blek höstmorgon planerade Matteo, försäljningschef för sitt företag, möten med en rad kunder. Matteo hade lämnat det viktigaste mötet till sist, det med Dr Corradini, inköpschef för ett företag med en mycket intressant omsättning. Tyvärr hade

Corradini en ovänlig och ibland obehaglig karaktär. Matteo var alltid obekväm i de olika arbetskontakter han hade att hålla med honom. Med en suck lyfte hon på luren och ringde honom. Dr Corradini var ovanligt vänlig den dagen, så samtalet kom snart till ett slut med ett möte.

- Så doktor, kan vi träffas den 31? - Föreslagna Matthew.

- Så länge? – invände Corradini.

– Nåväl, det är slutet på månaden, en vecka kvar.

- Men se, herr Matteo, du har fel. Vi är i november, som har 30 dagar. Men vilken kalender använder han? Aztekernas kalender?

Matteo förblev förvirrad ett ögonblick, sedan kände han hur han sjönk. Vilket misstag! Bara med Corradini! Han mumlade några ursäkter och bokade en tid för den 30:e.

Emellertid chockade episoden honom. Hur kunde han ha räknat fel datumet för ett viktigt möte? Det var uppenbart att november har 30 dagar. Det välkända barnramsan säger också det: "Trettio dagar har november, med april, juni och september...". Och sedan hade han agendan öppen på bordet. Hur kunde han ha kommit på den där förbannade siffran 31 och utsatt sig själv för sin samtalspartners ironi?

Under resten av arbetsdagen kunde Matteo inte avsluta mycket, med den siffran 31 som plågade honom.

Äntligen kom arbetstidens slut och Matteo gick ut på gatan för att gå till busshållplatsen, där han skulle vänta på buss nummer 218 som skulle ta honom hem. Men vid hållplatsen Matteo hittade han en skylt: ”På grund av pågående arbeten är buss nummer 218 tillfälligt avstängd. Alternativt kan herrar resenärer ta buss nummer 31 som går längs Via Panoramica".

Om han trodde att han hade blivit av med nummer 31 hade Matteo fel. Han tog detta nya fordon som ledde honom nära hans hem. Innan han gick upp till huset gick han till kemtvättsbutiken för att hämta lite kläder.

Signora Pina, ägare till tvättstugan, räckte honom kläderna med kvittot.

– Han är skyldig mig 33 euro.

Matteo var inte snål, men han gillade att pruta om priser när det var möjligt.

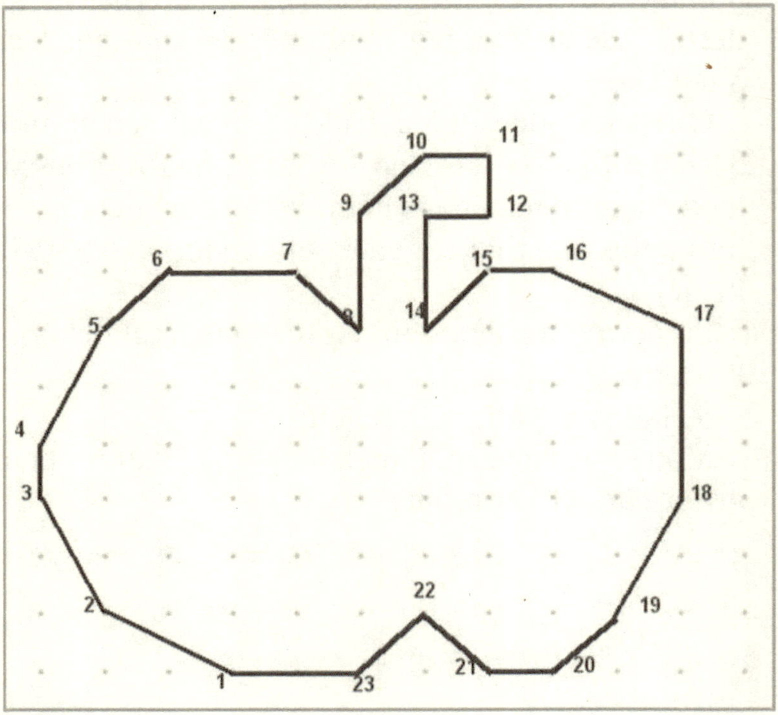

Figur 18 - Spelet "Connect the dots" som en metafor på synkronicitet som involverar Matteo och, genom pumpans symbolik, leder honom att fokusera sin uppmärksamhet på sin ungdoms Halloween-fester.

- Så mycket? 33 euro? Kom igen, fru Pina, jag har haft en dålig dag! Låt mig betala 30 euro.

- Skämtar du, herr Matteo? Du har inte sett elräkningen jag fick idag! Och så uppfinner regeringen en ny skatt varje dag. Titta herr Matteo, jag kan absolut inte göra prisrabatter. Hur som helst, bara denna gång, ge mig bara 31 euro. Jag kan inte ge dig ett lägre pris, tro mig!

Matteo betalade och gick ut. Först när han var tillbaka på gatan insåg Matteo att nummer 31 återigen hade blivit en del av hans liv.

Hela kvällen fortsatte han att grubbla över det där mycket märkliga kravet på nummer 31. När han kom i säng insåg han att han inte kunde sova.

Det dåliga intrycket med Corradini brann på ett speciellt sätt. Matteo kände ironin i sitt svar:

"Men vilken kalender använder hon? Den aztekiska?”.

Japp, november har 30 dagar. Kanske hade han förväxlats med föregående månad, oktober, som ger 31.

– 31 oktober. Vad påminner detta datum mig om? sa Matteo till sig själv.

Självklart, Halloween! (Bild 18)

Han började tänka tillbaka på Halloween-nätterna med sin vän Fulvio. Varje år, på Halloween-kvällen, placerade de två en stor tom pumpa med ett tänt ljus inuti, vid ingången till en bro. Sedan väntade de på förbipasserande och gjorde rop och ljud för att skrämma dem.

Fulvio var några år äldre än honom och var en sann mästare på att stjäla den lämpligaste pumpan på den omgivande landsbygden.
Matteos sinne vandrade genom dessa minnen under lång tid. Han hade inte hört från Fulvio på länge. Vem vet hur han mådde?
Han tittade på klockan. Det var inte för sent att ringa ett telefonsamtal. Ur en gammal telefonbok hämtade hon Fulvios nummer och ringde honom.
Fulvios lur ringde med otrolig kraft i tystnaden i hans hem. Fulvio, som satt vid sitt skrivbord, blev förstummad. Telefonen ringde igen, påträngande, överlägsen.
Fulvio lade pistolen han höll i sin högra hand på bordet och lyfte luren.
- Hej gubbe, hur mår du? Du känner mig? Jag är Matthew!
Fuluio blev förstummad. Han flyttade pappret åt sidan och lade ner pennan framför sig och svarade sedan:
– Självklart känner jag igen dig. Varför tänkte du ringa mig?
– Jo, jag tänkte att det var länge sedan vi sågs och det skulle vara trevligt att träffas för att utbyta lite idéer. Vad tycker du, går det att göra?
Fulvio stirrade på luren, som förvånad. Han var inte längre ensam, någon hade tänkt på honom, nattens ängel hade kommit för att sträcka ut hans hand. Plötsligt verkade hans ensamhet mindre tryckande. Han befann sig vid den punkt där valet mellan hopp och förtvivlan fortfarande var möjligt. Ja, foten på

kanten av branten kunde fortfarande dras tillbaka.
Ett nytt beslut var möjligt.
Fulvio avgjorde blixtsnabbt. Han tog pistolen och lade tillbaka den i lådan.
"Självklart kan det göras, min vän... ja, min vän, det kan absolut göras, låt oss träffas!"..
Berättelsen om Matteo och Fulvio slutar här. Ingen kommer någonsin att veta att Fulvio räddades den kvällen tack vare en rad konstiga sammanträffanden som involverade Matteo, alla kopplade till nummer 31.
Ingen kommer någonsin att veta vilken procedur (säkert inte logisk) som ledde till att Matteo förvandlade några generiska referenser till nummer 31 till ett viktigt datum, Halloween-festen, för att sedan komma fram till beslutet att kontakta sin barndomsvän.
Ingen kommer någonsin att veta hur många gånger sådana här historier faktiskt har hänt.

Antalet, ordningens arketyp.

"Allt som kan räknas spelar inte roll
och inte allt som betyder något kan räknas."
(Handskrivet papper hänger i Einsteins
arbetsrum)

Siffror och synkronicitet.

Numeriska sammanträffanden lyckas fascinera alla, särskilt när de upprepas regelbundet under en kort tidsperiod, även i olika situationer: samma tidtabell, samma gatunummer, samma bokningsnummer, och så vidare. Många människor påverkas av det, men inte alla tror att det finns en mening eller försöker upptäcka den.

Upprepningen av samma nummer döljer ofta ett mycket personligt budskap, som måste intuiteras genom att gräva ner sig i vecken av ens omedvetna. Den inneboende symboliska betydelsen av själva numret kan hjälpa i denna forskning, enligt mycket gamla traditioner. Genom en numerisk allegori kan vi vara protagonister i en synkronitet som försöker avslöja ett innehåll av mystiskt ursprung, kanske gudomligt.

Praxis med att etablera meningsfulla sammanträffanden baserade på siffror är rotad i människans tidigaste historia. Man kunde räkna antalet fåglar i flocken, antalet stenar av samma form eller färg, antalet plantor i samma glänta. Numret i sig är märkligt och mystiskt. Enligt Jung har talet en betydelse som alltid är numinös, märklig, gudomlig.

Vissa matematiklärare instruerade sina lärjungar med ett obestridligt exempel. Tänk på vilken grupp av objekt som helst. Eliminera varje enskild egenskap hos dessa objekt som vikt, form, storlek och så vidare. Men du kommer säkert inte att kunna eliminera kvantiteten, det vill säga antalet av dessa objekt.

Det finns ett nära samband mellan antal och synkronitet, eftersom båda är klädda i helighet och mystik. Numret är alltid närvarande i vilken synkronitet som helst, i vilken form som helst: kvantitet, datum eller annat; det är ofta gömt under uttryck som "mycket", "lite", "mycket stort", "oändligt".

Varje objekt kan betraktas i sin enhet eller i sin mångfald. Det är numret som fastställer en exakt ordning, därför skapar det hierarki, struktur, koherens, organisation, klarhet.

Numret anses vara en av huvudarketyperna, och Jung kallar det för ordningens arketyp. I själva verket skapar det disciplin i kaos; det tillåter oss att fastställa och förstå en regelbundenhet som existerar a priori i vår undersökning, även när den, vid första verifiering, skulle saknas.

Numret är det element som skapar ordning i anden sedan mänsklighetens början, därför det närmaste och mest intuitiva för mänsklig intelligens. Ett exempel kan representeras av ritningarna som finns i paleolitikums grottor. Tillsammans med målningar som föreställer bison, hästar, noshörningar och andra djurarter har man också hittat handavtryck gjorda med gul eller röd ockra. De mest kända är de som ligger i "Cuevas de las manos pintas" (Grottan av målade händer) som ligger i Patagonien, i Rio Chubut.

Dejting placerar dessa handavtryck för minst 14 000 år sedan. Dessa är händer med fingrar brett isär.

Bortom budskapet som konstnären ville förmedla, och som vi förmodligen, enligt antropologer, aldrig kommer att få veta, hoppar representationen av nummer fem till ögat. Som normalt händer och som Occams Razor antyder, är den enklaste och mest direkta tolkningen ofta den mest korrekta.

I den äldsta traditionen har alla siffror fått en mystisk innebörd och en helighet som än idag finns bevarad; särskilt, alla siffror från 1 till 9 tros vara "heliga".

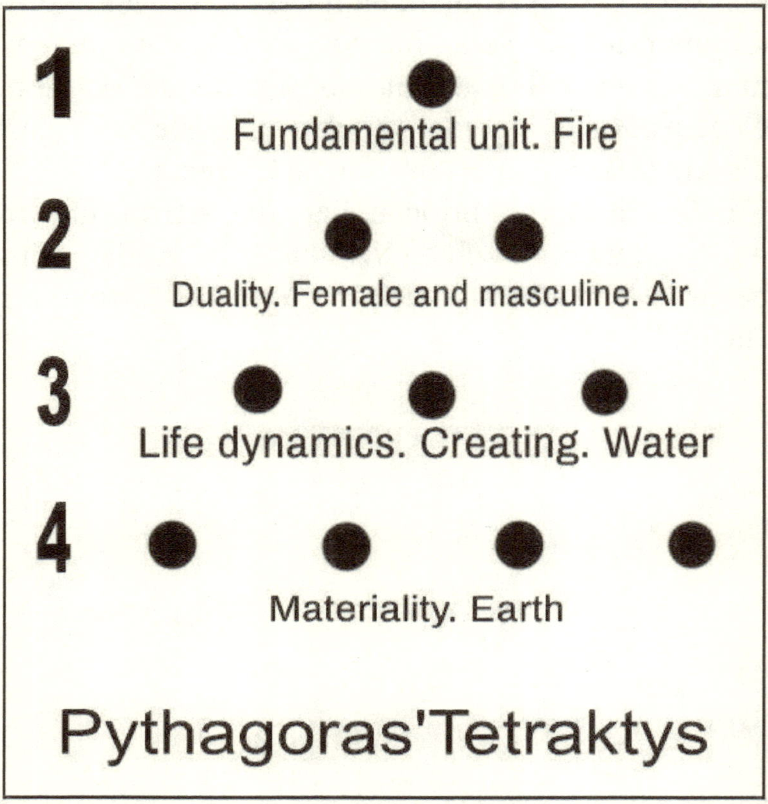

Figur 19 - Tetraktys- eller kvartärtalet representerade för pytagoreerna den aritmetiska sekvensen av de första fyra naturliga talen, eller mer exakt positiva heltal.

1. Grundläggande enhet. Brand.

2. Dualitet. Feminint och manligt. Luften.

3. Livets dynamik. Skapelsen. Vattnet.

4. Väsentlighet. Jorden.

Pythagoras Tetraktys.

Pythagoras, grekisk filosof och matematiker som levde på 500-talet. B.C., förstod matematik som en vetenskap som kan skapa ordning i världens uppenbara kaos. Han grundade en skola i Crotone; för att bli antagen var eleverna tvungna att svära på Tetractys:

"Jag svär det, vid honom som har överfört till vår själ Tetractys i vilka finns källan och roten till den eviga naturen...".

Tetraktys representerar den aritmetiska sekvensen av de första fyra positiva heltalen (Fig. 19). Dessa siffror är ordnade i den geometriska formen av en liksidig triangel med en "fyra" sida, vilket bildar en pyramid som sammanfattar förhållandet mellan dem och tio. I själva verket, enligt den så kallade teosofiska summan, $1 + 2 + 3 + 4 = 10$. I sin tur hänvisar 10 till enhet genom att lägga till $1 + 0 = 1$.

Tetraktys fyra nivåer motsvarar de kosmogoniska principerna och naturens fyra element.

Det gyllene snittet.

Vissa nummer är verkligen speciella, som siffran 1.618. Detta värde indikerar det ideala förhållandet (observera till exempel förhållandet mellan bredd och höjd på en standardfotoram) och dess formel är:

$$(\sqrt{5} + 1)/2 = 1{,}618$$

Det indikeras normalt med den grekiska bokstaven Fi Φ och kallas det gyllene talet, eller gyllene proportionen, eller gyllene snittet, eller Fidias konstant. Platon, som nämner det i sitt verk Timaeus, talar om det som den fysiska nyckeln·till kosmos. På medeltiden togs det gyllene snittet upp av Leonardo Fibonacci från Pisa, för vilken den idag är särskilt känd som Fibonacci-serien (fig.20). Fibonacci-serien är en sekvens av positiva heltal där varje tal, med början från det tredje talet, är summan av de två föregående och de två första talen är lika med 1.
Så, serien representeras av siffrorna:

1, 1, 2, 3, 5, 8, 13, 21, 34, 55, 89,144, 233, 377, 610...

och kan fortsätta för evigt. I själva verket var Fibonaccis avsikt när han utvecklade denna serie att hitta en matematisk lag som skulle beskriva tillväxten av en kaninpopulation. Han föreställde sig inte att upptäcka en av de underbara naturreglerna i Kosmos. Faktum är att Fibonacci-serien finns i praktiskt taget alla delar av naturen och avslöjar ett projekt av otrolig elegans.

Mellan längden på armen och underarmen på en vuxen man är förhållandet "gyllene", liksom mellan längden på benet och dess nedre del. Samma gyllene snitt finns också mellan falangerna på lång- och ringfingret.

De matematiska och geometriska egenskaperna hos det gyllene snittet som återkommer med otrolig beständighet i de mest skilda naturliga sammanhang är en bekräftelse på att det finns en nära relation mellan en "Kreativ Entitet" och skapelsen. Slumpen skulle verkligen inte ha lett till en sådan regelbundenhet av perfektion och skönhet.

När numret avslöjar ett innehåll som det gyllene snittet visar det sig vara instrumentet och förmedlaren av ett förhållande mellan helheten och delen, såväl som mellan varje större del och dess respektive mindre del.

Ingen förnekar existensen, i denna naturliga konfiguration, av ett ideal för skönhet och harmoni, vilket fullt ut rättfärdigar benämningarna "Aurea" och "Divina".

Inom botaniken representeras det kanske mest betydande exemplet på en effektiv närvaro av det gyllene snittet av det geometriska arrangemanget av bladen och blomställningarna hos vissa växter.

Mot mitten av 1800-talet observerade Auguste Bravais, en fransk botaniker, i en serie studier gjorda med sin bror Louis att i många växter är bladen ordnade på stjälken enligt en spiral där vinkeln mellan två på varandra följande blad är nästan konstant och är cirka 137,5°, vilket motsvarar den gyllene vinkeln. Detta arrangemang garanterar åtkomst och optimal användning av varje blad i solljus.

Men det finns många exempel i naturen. Till exempel motsvarar antalet blomblad vanligtvis ett värde i Fibonacci-serien. Till exempel har väldigt många, som iridaceae och liljor, tre. Hundrosen har fem eller åtta, som smörblomma och plumeria. Många prästkragar har 13, så frågan "älskar han mig" eller "älskar mig inte" slutar nästan alltid på ett tröstande sätt som bekräftar "han älskar mig".Detta händer också när man använder "ängsprästkragen" som har 21 kronblad. Asteraceae, en stor botanisk grupp som inkluderar bland annat solrosor, gerberor och krysantemum, har 34, 55 eller 89, medan den vanliga cikoria som tillhör samma familj har 21.

De är alla nummer som ingår i Fibonacci-serien. Otroligt hur naturliga uttryck som man skulle önska hade skapats av en slump alla har matematiska egenskaper inspirerade av en enda källa.

Förutom de mänskliga anatomiska formerna, som redan nämnts, är också de av många djur som sjöstjärnor inspirerade av det gyllene snittet; på ett helt uppenbart sätt gör de spiralformade varelserna det, som Nautilus skal antyder. Men det räcker fortfarande inte: vid det här laget borde det inte längre förvåna oss att formerna på Vintergatan och andra galaxer också är inspirerade av det gyllene snittet.

Inom medicinområdet har viktiga upptäckter gjorts i studiet av mänsklig rörelse. Till exempel, 2013 bekräftades det att vid gång är förhållandet mellan "hållnings"-fasen (stöd) och "sving"-fasen (när foten går framåt utan att röra marken ännu) lika med det gyllene snittet.

Förbannelsen av den nionde symfonin.

Faktum är att många förknippar siffran nio med döden. Denna negativa korrelation började bli starkare när Gustav Mahler dog 1911; han hade precis avslutat sin nionde symfoni "Das Lied von der Erde" (Jordens sång) och arbetade snabbt på den 10:e, i hopp om att ha undkommit ödet för Beethoven som dog strax efter att ha avslutat sin nionde symfoni (Körsymfoni).

Den nionde symfonins förbannelse föddes och spreds mellan 1800 och 1900 och består fortfarande med hänvisning till att många tonsättare dog efter att ha komponerat den. Bland de mest kända offren, förutom Mahler och Beethoven, kan vi nämna:

- Louis Spohr, eller Ludwig Spohr (Braunschweig, 5 april 1784 - Kassel, 22 oktober 1859) tysk kompositör, violinist och dirigent.
- Franz Schubert (Wien, 31 januari 1797 - Wien, 19 november 1828) österrikisk kompositör och pianist från den romantiska perioden.
- Antonín Dvořák (Nelahozeves, 8 september 1841 - Prag, 1 maj 1904) tjeckisk kompositör.
- Ralph Vaughan Williams (Down Ampney, 12 oktober 1872 - London, 26 augusti 1958) brittisk kompositör, författare till symfonier, kammarmusik, operor, körmusik och ljudspår.
- Joseph Anton Bruckner (Ansfelden, 4 september 1824 - Wien, 11 oktober 1896) österrikisk kompositör.
- Kurt Atterberg (Göteborg, 12 december 1887 - Stockholm, 15 februari 1974) svensk kompositör, dirigent och musikkritiker.
- Elie Siegmeister (New York, 15 januari 1909 - Manhasset, 10 mars 1991) amerikansk kompositör, musiklärare och dirigent.

- Roger Sessions (Brooklyn, 28 december 1896 - Princeton, 16 mars 1985) amerikansk kompositör, musikkritiker och akademiker.
- Egon Joseph Wellesz (Wien, 21 oktober 1885 - Oxford, 9 november 1974) är en österrikisk musikforskare, kompositör och lärare.
- Peter Mennin (Erie, Pennsylvania 17 maj 1923 - New York 17 juni 1983) viktig amerikansk kompositör av italienskt ursprung.
- Sir Malcolm Henry Arnold (Northampton, 21 oktober 1921 - Norwich, 23 september 2006) brittisk kompositör.

I en uppsats om Mahler skrev Arnold Schoenberg:

> ”Det är som om den nionde symfonin vore en begränsning. Den som vill övervinna den måste dö. Det verkar som om något kommuniceras till oss genom den tionde symfonin. Det är något som vi inte kan veta nu, eller så är vi inte redo att veta det. De som skrev den nionde symfonin kom för nära det vi kallar "Härefter".

Klubben av 27.

Det engelska uttrycket "Club 27" syftar på artister, mestadels rocksångare, som dog vid 27 års ålder. Uttrycket "Curse of J27" används också ofta, med hänvisning till det faktum att deras namn eller efternamn börjar med bokstaven J.

Denna tro uppstod efter Jimi Hendrix, Janis Joplin och Jim Morrisons död. Många tror att den första artisten som blev offer för förbannelsen var Robert Johnson som enligt legenden sålde sin själ till djävulen för att nå framgång. Andra delar ut medaljen som första medlem i klubben till Alexandre Levy, som dog vid 27 års ålder 1892.

2009, på 15-årsdagen av Kurt Cobains död, sa Robert Smith från National Public Radio: "Döden av dessa rockstjärnor vid en ålder av 27 har verkligen revolutionerat vårt sätt att se på rock."

Faktum är att många artisters död i så ung ålder kan spåras tillbaka till alkohol- eller drogmissbruk, bilolyckor eller till och med självmord.

Här är några medlemmar i Club 27:

- Jim Morrison, (8 december 1943 - 3 juli 1971), poet, författare och kassör, dog officiellt av hjärtstillestånd (men en obduktion utfördes aldrig).
- Amy Winehouse, (14 september 1983 – 23 juli 2011) singer-songwriter, dog av påstått alkoholmissbruk.
- Brian Jones, (28 februari 1942 - 3 juli 1969) grundare av Rolling Stones. Han dog drunknad i poolen i sin villa.
- Janis Joplin, (19 januari 1943 – 4 oktober 1970) sångare och låtskrivare för Big Brother och The Holding Company. Död av en överdos heroin.
- Jimi Hendrix, (27 november 1942 – 18 september 1970) Elgitarrpionjär och virtuos. Han

dog av kvävning av kräks efter intag av alkohol och lugnande medel.

- Kurt Cobain, (20 februari 1967 - 5 april 1994) sångare och gitarrist i Nirvana. Död av självmord.
- Kim Jong-yun, (8 april 1990 – 18 december 2017) kompositör och sångare i K-Pop-gruppen SHINee. Död av självmord.
- Robert Leroy Johnson (8 maj 1911 – 16 augusti 1938) amerikansk singer-songwriter och gitarrist. Död av ospecificerade orsaker.
- Cecilia, Evangelina Sobredo Galanes (11 oktober 1948 – 2 augusti 1976), spansk singer-songwriter, dedikerad till popgenren. Han dör i en trafikolycka.
- Chris Bell (12 januari 1951 - 27 december 1978) sångare och gitarrist. Han dör i en trafikolycka.
- Alexandre Levy (10 november 1864 - 17 januari 1892) Brasilianare, pionjär inom fusionen mellan klassisk komposition och populära rytmer i Brasilien. Han tros vara den första kända medlemmen i klubben 27. Han dog av ospecificerade orsaker.

Wolfgang Pauli och numret 137.

Wolfgang Pauli, fysiker och nobelpristagare, hade en lång relation med Carl Jung, först i terapeutiska syften och sedan för vetenskapligt intresse. Det finns dokumentation om en mycket lång skriftväxling mellan de två forskarna. Pauli skulle ha velat skapa en psykofysisk teori som skulle förena materia och psyke. När allt kommer omkring jämförde Pauli hela tiden sina idéer med sina drömmar, vilket verkade vara en effektiv vägledning. Trots den vetenskapliga mentaliteten var han inte fri från extrasensoriska manifestationer: i universitetsmiljön där han arbetade var den så kallade "Pauli-effekten" välkänd, enligt vilken han inte kunde gå in i sina kollegors laboratorier utan att någon utrustning gick sönder.

Under hela sitt vetenskapliga liv var han nästan besatt av ett komplext problem inom fysiken, den fina strukturen konstant, lika med cirka 1/137.

Figur 20. Leonardo Fibonaccis gyllene snitt.

Trots sina ansträngningar lyckades Pauli aldrig hitta orsaken till det värdet. 1958 lades han in på sjukhus i Zürich, eftersom han hade drabbats av cancer i bukspottkörteln, vilket snabbt ledde till hans död. Till sin stora förvåning hamnade han på sjukhus i rum 137 och han påpekade detta omedelbart för sin assistent Charles Enz när han gick för att träffa honom. Pauli sa till assistenten att han aldrig skulle lämna det rummet igen, precis som han hade misslyckats med att lösa sitt livs problem. Han bedömde att nummer 137 var som en fälla för honom, och det var den verkligen.

Siffran 108 i orientalisk kultur.

Siffran 108 föddes från 12x9 och förekommer ständigt i orientalisk kultur. Här är särskilt några förekomster av talet 108 eller dess multipler och submultipler:

- Det är antalet pärlor i Mala eller "indiska radbandet", och av den buddhistiska Akṣamālā.
– Det är antalet synder i tibetansk buddhism.
- Hinduiska gudar har 108 namn som kan reciteras genom att räkna de 108 pärlorna i Mala.
– Rig Veda har 10 800 verser.
– De tibetanska heliga böckerna om Khagiur består av 108 volymer.
- I Śrīmad Bhāgavatam beskrivs Krishna som att dansa med 108 koherdeflickor och därefter gifta sig med 16 108 fruar.

– I shaivismen avbildas Shiva Nataraja när han utför sin kosmiska dans i 108 poser.

– I Japan, i slutet av året, rings en klocka 108 gånger för att hälsa det nya året.

– Frestelserna en person måste motstå för att nå Nirvana är 108.

– Baalbeks tempel i Fenicien hade 54 kolonner.

– I den heliga staden Lashanmjh, Tibet, fanns det 108 tempel.

- Angkor Vat, Kambodja, har 54 torn, 108 statyer längs uppfarten och 540 statyer av gudar.

– Det finns 108 stjärnor som anses vara heliga i kinesisk astrologi.

– Längden av den antediluvianska regeringstiden i sumerisk mytologi var 108 000 år.

Som en kuriosa tillägger vi att 108 är antalet friare till Penelope, fru till Ulysses, i Homers Odyssey.

Numret 666.

Vi kan inte avsluta denna recension om heliga eller betydande siffror utan att nämna siffran 666. Den förekommer i ett avsnitt i Nya testamentet, i Johannes Apokalyps, och hänvisar till ett "Odjur" som stiger upp ur havet och ödelägger jorden. Särskilt i samtida har numret blivit en symbol för djävulen.

Som en kuriosa rapporterar jag en berättelse som släpptes av Associated Press den 2 november 1996. Enligt byrån hade 436 invånare i staden Madison gått med på att spela kombinationen av de tre siffrorna 666 i ett lokalt lotteri som heter "Luck Devils ". Detta hände med anledning av Halloweenfesten. Otroligt men sant, spelarna vann summan av 1800 dollar. Från spridningen av denna nyhet verkar det som om många andra har försökt.

Dödens determinism.

Om någon frågar en erfaren filosof vilka böcker han ska läsa, bör filosofen svara:
"Vilken filosofi vill du ha? Jag vet vad du letar efter. Du vill ha en filosofisk doktrin som bekräftar din tro.
Vad vill du? Gud eller materia? Frihet eller determinism?
Berätta för mig. På mitt apotek har jag alla dessa saker. Jag kan ge dig det ena eller det andra, enligt dina önskemål."
(Giuseppe Rensi, italiensk filosof och advokat)

Gudomlig rättvisa i Drynor Township.

1836 slog Davy Crockett, en folkhjälte från det amerikanska Far West, när han reste för att ansluta sig till Texas-armén i San Antonio, läger i en lund på stranden av Honey Grove Creek, en liten flod bara 11 miles lång. Denna flod passerar genom Fannin County i Texas. Den kvällen skrev Davy ett brev som entusiastiskt beskrev platsen, kallad Honey Grove efter det överflöd av bikakor som vilda bin skapade i de ihåliga träden.

Crockett främjade därefter födelsen, på den platsen, av en stad med samma namn. 1842 bosatte sig hans vän Samuel Erwin, den första nybyggaren, där. Crockett själv utförde Erwins bröllop. Därefter blev orten ett litet expanderande centrum tills det blev en stad 1873; handel, bomullsodling och andra aktiviteter tillät den att växa till en nivå av några tusen invånare, vilket gynnade existensen av en lokal fyrasidig tidning, "Honey Grove Signal".

Den 31 mars 1905-upplagan av denna tidskrift beskriver ett faktum som har blivit en klassiker i litteraturen om konstiga och mystiska händelser, allmänt känd som "fallet med ödets kula". Det finns flera versioner, men tidningsrapporten låter oss rekonstruera den mest sanningsenliga.

Artikeln dyker upp i en kolumn på andra sidan, med rubriken ”Mer överraskande än en film. En kula hämnas en flicka tjugo år efter hennes död”.

De inledande orden i artikeln ("Fantastiskt fall av straff på jorden för köttets synder inträffade ...")

beskriver väl den kulturella miljön i vilken faktumet ägde rum och den tolkning som gavs.

Artikeln beskriver den oavsiktliga döden av en Henry Ziegland, bosatt i Drynor Township, en grupp hus som ligger nära Honey Grove. Krönikan om hans död skulle sakna intresse om vi inte kopplade den till en bakgrund som går tillbaka till tjugo år tidigare.

1885 var Henry Ziegland en förmögen ung man hängiven till alla trevliga aktiviteter som är typiska för unga män genom alla tider, till exempel uppvaktning av flickor.

Tyvärr, för honom, var den nuvarande miljön och moralen inte benägna att gynna förbigående äventyr. Av denna anledning, när han uppvaktade en lokal flicka, Maysie Tinchor, dukade hon efter för hans smicker endast i enlighet med ett löfte om äktenskap. Tyvärr avfärdade Henry, efter att ha fått frukten av sina önskningar, plötsligt flickan.

Smärtan och medvetenheten om bedrägeri var enorm för unga Maysie. Den stackars flickan tog sitt liv.

Naturligtvis kunde det inte sluta så här. Filford, Maysies unge bror, förtvivlad över sin systers självmord, bestämde sig för att konfrontera Henry.

Han rusade till förrädarens hus men först, med överdriven impulsivitet, tog han med sig en gammal militärmusköt som kunde skjuta en enda kula.

De två männen stod inför varandra. Henry, som var äldre och tjockare än den yngre mannen, var på intet sätt försonlig. Henry sa sårande ord till Filford och Maysie. Henry hånade också musköten Filford höll i sina händer.

Förblindad av hat och desperation tappade Filford kontrollen över förnuftet, höjde pipan på sin musköt och avlossade det enda skottet i riktning mot sin motståndare. Filford såg omedelbart en stor ström av blodspruta från Henrys huvud.

Filford trodde att han hade dödat honom och sprang iväg. Han insåg att han fullständigt hade förstört sin familj. I desperation laddade Filford musköten med ytterligare en kula och tog sitt liv.

HONEY GROVE SIGNAL.

DR. PRICE'S CREAM BAKING POWDER

Ayer's Cherry Pectoral

Coughs, Colds

CROOK-RECORD CO.

PARIS, TEXAS.

The Fashion Event

Spring Opening

Millinery, Tailored Suits, Wraps, Skirts, Shirtwaists, Gloves, Hose, Corsets, Underw'r

Wednesday, April 5

Special Bargain Prices

Figur 21 - Upplaga av den 31 mars 1905 av Honey Grove Signal, som rapporterar i en kolumn på andra sidan fallet med Henry Zieglands död som inträffade under konstiga omständigheter. Ziegalnds död påminner om en bakgrund som går tillbaka till tjugo år tidigare.

Men saker och ting hade inte gått som han trodde: kulan hade bara betat Henrys tinning, och hade gått att sticka i trädstammen bakom honom. Henry, med tur som ofta gynnade de ogudaktiga, räddades genom att upprätthålla ett köttsår som läkte på kort tid.

Vi vet inte om Henry under de följande åren kom att ångra sig från allt ont som följde av hans beteende, förmodligen inte. Han fick sin verksamhet att blomstra och gifte sig med en förmögen änka som han fick en son med. Detta växte och, i väntan på sitt bröllop, bestämde sig Henry för att utöka huset för att rymma och hålla den nya familjen nära, och byggde en ny flygel precis i riktning mot trädet som träffades tjugo år tidigare av kulan. För att få det nödvändiga utrymmet bestämde sig Henry för att hugga ner trädet. Låt oss följa historien som rapporterats i tidningen "Honey Grove Signal":

> ”Henry och hans son högg ner trädet som Filford Tinchors kula hade gått in i och försökte dela det i bitar. Träet var så hårt att yxorna och kilarna inte hade någon effekt, så de bestämde sig för att sätta in små dynamitladdningar i de naturliga hålen i stammen. En explosion krossade trädstammen. Kraften från dynamit tryckte ut den gamla kulan.
>
> Med extraordinär kraft träffade kulan Henry Zieglands vänstra tinning och orsakade hans omedelbara död."

Redaktören som inledde artikeln med orden "Ett underbart fall av straff på jorden för köttets synder" avslutar så här: "I bröderna Tinchors grav finns nu bara damm och tystnad. Kulan, med vilken Filford ville hämnas sina fel, gjorde dock sitt jobb idag

Finns det gudomlig rättvisa?

Krönikan om "Honey Grove Signal" väcker en fråga lika gammal som världen. Finns det en gudomlig vedergällningsrättvisa? Ska vi tro på en "överlägsen enhet" som ingriper enligt kriterier för rättvisa för att återbalansera de förtrycktes öde?

Frågan är mycket diskutabel. Faktum är att även om en sådan institution skulle fungera i denna mening, bör vi först fastställa vad denna institutions idé om rättvisa var. Skulle hans åsikt överensstämma med vår?

Ur vetenskapsfilosofins synvinkel är denna idé fullständigt absurd. Händelser som involverar mänskligheten måste utvärderas med det deterministiska kriteriet.

Determinism identifierar en fysisk förklaring till varje fenomen, förutsatt att orsak-verkan-kedjan alltid måste vara giltig. Konsekvensen är att allt som händer aldrig beror på slumpen, utan bestäms av de fysiska lagar som dominerar universum. Dessa lagar är välkända under namnet grundläggande interaktioner. Det är naturens krafter som gör att vi kan beskriva fysiska fenomen, och hittills har i princip fyra identifierats. De är tyngdkraften, den elektromagnetiska kraften, den svaga kärnkraften och den starka kärnkraften.

Gudomlig rättvisa kan inte klassificeras i någon av de fyra grundläggande krafterna, därför är, för determinism, en rättvisa som styrs av en "överlägsen enhet" som ingriper för att återgälda goda eller dåliga handlingar en helt absurd hypotes. Henry Ziegland dog helt enkelt för att han hade den olyckliga idén att använda dynamit, det följer att orsaken till allt ligger i hans oförsiktighet. Punkt.

Dessutom, på grundval av den deterministiska principen, om gudomlig rättvisa verkligen existerade, skulle den behöva ingripa hela tiden, inte bara då och då.

Dessa överväganden leder oss till ett vägskäl: antingen existerar inte gudomlig rättvisa eller så är den deterministiska principen falsk.

"Slumpen" och det "övernaturliga tecknet".

Vi kan fördjupa konceptet bättre genom att överväga de fysiska helandena som sker på mirakulösa platser. I motsats till vad många tror är dessa platser inte bara katolska.

Till exempel ligger Jamkaran-moskén, som är helig för shiiterna, sex kilometer öster om den heliga staden Qom i Iran. Moskéns vårdnadshavare har sedan 1998 tillsatt en kommission för att undersöka de fantastiska helandena som sker i den helgedomen och som finns upptagna i ett särskilt register.

Många "hedniska" platser bör också nämnas, såsom till exempel en stor mängd källor eller klippor med taumaturgiska egenskaper, såsom många dolmens och menhirs som försonande fruktbarhetsförmåga än idag tillskrivs.

I de amerikanska indianernas kultur finns det medicinhjul som inte så mycket framkallar konceptet att hela kroppen som andlig helande och kraften som erhålls från kunskapen om universums hemligheter.

Ett av de äldsta medicinhjulen finns i Big Horn Mountains i Wyoming, och tros ha tillverkats någon gång för mellan 200 och 500 år sedan. Den är gjord med vita stenar arrangerade i en cirkel över en diameter på 28 meter. Den cirkulära formen symboliserar rörelse, tidens gång, livet och årstiderna. I mitten av Hjulet finns ett kors, symbol för den "Store Anden" och för det "kosmiska trädet" som har sina rötter på jorden och dess grenar sträcker sig mot himlen och till de fyra riktningarna.

Sedan finns det rent psykiska platser för helande, såsom de fantastiska territoriernas destination för shamanska resor, dit healern går för att bekämpa de krafter som håller hälsan hos offren som drabbats av de mest skilda åkommor som gisslan.

Naturligtvis finns det också väldigt många kristna platser, kända för de mirakulösa helandena som sker där. Den mest kända är den franska helgedomen Lourdes tillägnad Jungfru Maria. Jag hänvisar till denna fristad eftersom en medicinsk kommission under lång tid inrättades här, även den bestod av icke-troende vetenskapsmän, som intygar oförklarade helande med absolut sparsamhet.

Många helande av allvarliga eller mycket allvarliga patologier sker genom nedsänkning i vattnet i grottan i Massabielle, som nära påminner om den kristna dopriten med vilken man genom en symbolisk död och uppståndelse tvättas från all synd och i förlängningen från varje sjukdom eftersom, som Paulus säger, döden kom in i världen på grund av synd.

Jag påminner er om att även den jungianska arketypen av vatten, trots att den har en dubbel betydelse, i dess positiva aspekter kan vara bärare av liv i torra och öde områden på jorden, och i förlängningen i situationer av fysiskt och andligt mänskligt lidande.

Lourdes kan definieras som en "mirakulös plats" eftersom antalet certifierade helanden som sker där är statistiskt högre än de som sker på andra platser. Sandro De Franciscis, ordförande för "Bureau des observations médicales" i Lourdes sedan 2009, konstaterade att under 150 år har omkring 7 500 oförklarade helande dokumenterats, även om endast 70 av dessa har erkänts av den katolska kyrkan som mirakel. Den mycket känsliga statistiska variationen mellan antalet läkningar som ägde rum på denna plats jämfört med det som rör olika eller "vanliga" platser är uppenbar.

Problemet är att alla inte blir friska från sina sjukdomar. Trots detta räcker Lourdes oförklarade helande för att allvarligt undergräva determinismens materialistiska dogm: deras extraordinära antal tyder på att det kan finnas en brist i den teorin. Många forskare har gjort invändningar. Enligt denna tes är mirakel inte sådana, utan är de normala konsekvenserna av fysiska lagar som ännu inte har påvisats. Men denna invändning har ingen befogenhet. Likaså kan troende hävda att mirakulösa helande är en direkt följd av gudomlig vilja, även om Guds existens ännu inte har bevisats.

Naturligtvis måste vi inse att om alla människor som fördjupar sig i Lourdes-baljorna blev botade från sina krämpor, så skulle vi falla in i en ömsesidig form av determinism, det vill säga att vi skulle sluta bekräfta teorin som vi istället vill motbevisa.

Den förklaring som ges av denna motsättning av begrepp är ganska enkel: mirakulösa helande måste tolkas som tecken, det vill säga som indikatorer på en verklighet som övervinner determinism men utan att förneka den. Om människan i sin dagliga verklighet är föremål för de deterministiska regler som får världen att fungera, hindrar detta inte existensen av en högre nivå som kan överskrida dessa regler. Det är en kraft som visar sig då och då, precis tillräckligt för att signalera sin närvaro till mänsklighetens samvete.

Därför skulle de mirakulösa helandena inte bero på fortfarande okända fysiska lagar, inte heller på en enkel slump, utan skulle vara tecken på närvaron av ett "Universellt Medvetande" som kan överskrida sina egna lagar. Detta absurda koncept kan bli mer bekant för oss när vi undersöker materiens beteende på subatomär nivå, och upptäcker att på den nivån av verkligheten ignoreras alla fysiska lagar som ligger bakom determinism. Samma sak som på en makroskopisk nivå, d.v.s. på vår existensnivå, lyder den deterministiska fysikens grundläggande krafter, på sin mest intima nivå ignorerar, förnekar och förvränger dem.

Det är därför möjligt att determinism respekteras och kränks på samma gång. Det är möjligt att de deterministiska lagarna med säkerhet bekräftar att en viss obotlig sjukdom leder till döden, och samtidigt, på en annan nivå, ingriper en icke-deterministisk kraft för att förneka denna princip genom att producera helande.

Eftersom vi lever på nivån av deterministiska lagar är det naturligt att dessa, på vår nivå, i slutändan är starkare.

Det finns en deterministisk lag som inte ens mirakulöst helade människor slipper undan. Vi vet mycket väl att även människor som blir mirakulöst helade så småningom kommer att dö.

Nästan alla religioner och många filosofier bestrider dock dödens determinism genom att konfigurera transcendenta realiteter, kapabla att placera livet på en annan och evig nivå. Den stora kristna högtiden är påsken, som firar Jesu Kristi död och uppståndelse, ett löfte om den framtida uppståndelsen och det eviga livet som alla troende är avsedda till.

Andra religioner tror på reinkarnation, det vill säga på en cyklisk uppståndelse som kulminerar i uppnåendet av perfektion, ett tillstånd där döden upphör att existera. Enligt den klassiska buddhismens uppfattning är det avgörande att befrias från tillvarons smärta. Lycka, d.v.s. nirvana, är slutet på ständiga pånyttfödelser, ingenting.

I de rabbinska texterna beskrivs paradiset som en inhägnad av rosor och myrter, en andlig plats mitt i vilken står Livets träd. I Koranen träder fromma muslimer av båda könen in i en trädgård av njutningar: klimatet är bra, vatten finns i överflöd och likaså frukt, kött och honung.

Kan vi tro på uppståndelsen?

I många religioners föreställning är det möjligt att återvända till livet efter döden och denna idé är inte så konstig som den kan verka. Det har blivit på modet, även bland mindre religiösa vetenskapsmän, att säga att "vi är stjärnornas barn". Det finns faktiskt inga vetenskapliga tvivel om det faktum att våra kroppar är sammansatta av atomer som, efter att ha bildats i de första stjärnornas ugnar, sedan sprider sig över hela universum och omkonfigurerar sig själva till oändliga uttryck för skapelsen. Atomer blir en del av andra stjärnor, planeter eller mineraler och grönsaker, och även som en del av levande varelsers kroppar.

Varje atom i vår kropp har varit en del av oändliga andra uttryck av materia. När det gäller atomer skulle vi därför kunna tala om "odödlighet" (åtminstone så länge som universum varar) eller om reinkarnation. I en vidare mening också av uppståndelse, om vi betraktar döden av organismen som de tillhör och "återfödelsen" som en del av en annan organism.

Naturligtvis är detta inte den sortens uppståndelse vi förväntar oss: vi skulle alla vilja återuppstå i en kropp som upprätthåller egenskaperna och framför allt medvetenheten om det liv som tidigare levts. Det vill säga, vi skulle vilja överföra den tidigare kroppens medvetande till den nya kroppen.

Det beror på hur vi ser på medvetandet.

Enligt den materialistiska uppfattningen är medvetandet endast en biprodukt av hjärnans aktivitet, ett epifenomen som produceras av de elektrokemiska interaktioner som äger rum i hjärnmassan; följaktligen, när hjärnan dör och faller i förfall, "dör" till och med medvetandet, som aldrig skulle ha funnits, med det.

Enligt många filosofiska och religiösa tolkningar är dock medvetandet ett rent psyke som överskrider hjärnan. Det är inte bara inte begränsat till hjärnan, utan det sträcker sig över hela kosmos och gränsar fritt och oberoende med andra medvetanden och med ett "universellt medvetande". I denna mening kan medvetandet också vara det informativa bandet som förenar alla atomer i vår kropp, eller snarare det projekt enligt vilket det blir möjligt för dem att ordna och anta funktioner för att som ett resultat få vår kropp som den är, med två händer istället för fyra och med fingeravtryck olik någon annan människa.

Om atomerna i vår kropp behöll minnet av att de tillhörde detta projekt, skulle detta minne vara odödligt, vårt samvete skulle vara odödligt och i en viss mening skulle vår kropp vara odödlig.

Entropiproblemet.

När allt kommer omkring, varför dör vi? Allt beror på en lag som kallas entropi eller, mer tekniskt, "termodynamikens andra lag". Enkelt uttryckt betyder entropi att om du krossar ett glas kan du sedan bryta varje bit i ytterligare understycken och sedan varje understycke till efterföljande understycken, men du kan aldrig återställa glaset till dess ursprungliga tillstånd av integritet . På samma sätt, om du förbereder ett äggröra, kommer du inte längre att ha ett sätt att rekonstituera hela ägget, särskilt när du har tillagat det.

Vi har alla en mycket stark uppfattning om tidens riktning, och vi accepterar att den flyter i endast en riktning. Vi accepterar tidens "framåtriktade" riktning, men har svårt att föreställa oss den motsatta riktningen. Detta beror säkert på det faktum att den raka riktningen är den i vilken kausalitet verkar. Vi antar att orsaker föregår deras effekter. En händelse kan inte inträffa som inte har orsakats av en annan, som inträffat tidigare. Det kommer aldrig att hända att någon kan plocka äpplen utan att någon planterat trädet först.

Entropi är kopplat till tidens gång, och förutspår att allt är på väg mot försämring, eftersom tiden bara rör sig i en riktning och det inte går att "spola tillbaka filmen" för att återgå till en tidigare situation. Det finns en oförsonlig regel, just termodynamikens andra lag, enligt vilken entropin i ett slutet system alltid ökar. Naturligtvis är universum ett slutet system.

"Återgången till livet" kan ske på olika sätt. I vissa fall, som i uppståndelsen av köttet som förespråkas av kristendomen, återvänder den avlidne till livet i samma skepnad som i det tidigare livet. I andra fall anges att återgången till livet sker i en annan levande varelse, även av ett annat slag. Vissa religioner förutspår slutet på kroppslighet men början på ett nytt liv i form av ren ande.

För de gamla egyptierna var det sanna livet det som följde på döden; därför balsamerades kroppen för att skydda den från korruption. Denna praxis antyder att de trodde på uppståndelse i samma kropp snarare än reinkarnation i en annan kropp. I det antika Egyptens mytologi återuppväcktes guden Osiris som dödades av sin bror Seth av sin fru Isis och blev kung av underjorden och domare över de döda.

Zoroastrianism, som var den mest utbredda religionen i Centralasien mellan 600-talet f.Kr. och 900-talet e.Kr baserat på profeten Zarathustras läror hävdar den att de dödas kroppsliga uppståndelse äger rum med tanke på Guds slutgiltiga dom över gott och ont. Efter döden passerar den avlidnes själ över en bro medan hans gärningar, goda och dåliga, läggs på vågen. När goda gärningar råder framstår bron som bred, annars blir den tunn som ett knivblad. Resultatet dekreterar själens destination i Garotman eller Paradiset, eller på det värsta stället.

Grekisk mytologi berättar i flera fall om karaktärer som reser sig från de döda, ibland förvärvar odödlighet.

Tantalus slet Pelops, hans son fortfarande ett barn, i bitar och dukade gudarnas bord för att kontrollera om de skulle förstå att det var mänskligt kött. När Demeter redan hade ätit en axel insåg Zeus bedrägeriet, komponerade om Pelops lemmar och återuppväckte honom, och ersatte den saknade axeln med en elfenbensfärgad.

Hippolytus, son till Theseus och Hippolyta, dog när han körde sin vagn, men läkaren Asclepius återuppväckte honom med hjälp av Artemis.

Efter att Zeus hade förrådt Hera med Semele, och efter Dionysos födelse, frukten av sveket, tog Hera hämnd genom att döda sin rival. Men Dionysos, när han väl växte upp, lyckades bli odödlig, gick ner till Hades och återuppväckte sin mor.

Reso, en ung kung av Thrakien som var en allierad till Priamos i det trojanska kriget, dödades i sömnen av Diomedes men hans mor, Muse Euterpe, fick från Hades och Persephone för att återuppväcka honom och var nöjd.

En av de platonska myterna berättar om en soldat från Pamfylien som föll i strid, vid namn Er, som återuppstår av gudomlig vilja medan hans kropp är på väg att brännas på bålet. Därför gick Er in i Hades trots att han inte blivit begravd ännu, och väcktes sedan till liv igen med kvar varje minne av det tidigare livet.

Platonismen ansåg att själar redan existerade i en himmelsk värld och blev fångar i en människokropp vid dess födelse. För att befria sig själv var själen tvungen att genomgå en reningsprocess bestående av på varandra följande reinkarnationer. Denna platonska tanke var influerad av äldre filosofiska skolor. Först efter III-talet f.Kr. nyplatonisterna antog en hinduistiskt inspirerad syn på reinkarnation.

Mysteriereligionerna firade den cykliska rytmen av liv, död och pånyttfödelse som mestadels var kopplad till jordbrukssäsongerna och naturens krafter. Dessa religioner förutsatte inte befrielse från döden utan snarare ständig återfödelse till ett nytt liv efter varje död.

Cynikerna, enligt traditionen som härrör från Diogenes från Sinope och med hänvisning till Sokrates och halvguden Herakles, praktiserade mysteriekulter som firade död och uppståndelse.

Mani, en persisk filosof som levde på 300-talet, grundade en religion baserad på principer inspirerade av kristendom, buddhism, mazdaism och gnosticism. Denna religion ville förklara universums ursprung, sammansättning och framtid. När det gäller livet efter döden förutsåg manikeismen tre olika öden för den perfekta, hörarna och syndarna. De Fullkomligas själar skulle efter döden tas emot av Jesus och renas av Solen, Månen och Stjärnan. Deras "ljuspartiklar", frigivna, skulle förvandlas till gudomligheter för att stiga upp till den första människan och leva bredvid honom.

Katarism var en religiös rörelse som utvecklades mellan det tolfte och xiv ° Century, särskilt i södra Frankrike. Cathar -teologin var dualistisk: materiens värld sågs som "ond", medan det "goda" bara kunde hittas i himlen nära Gud.

Katarnas liv syftade därför till att föra själen, betraktad som en gudomlig gnista av den "goda", mot himlen.

Katarna accepterade idén om reinkarnation, följaktligen skulle de som inte uppnådde befrielse i ett liv ha återvänt till ett nytt liv för att fortsätta striden mot perfektion. Reinkarnation var inte alltid nödvändig, men i allmänhet ja, med tanke på att inte alla kunde kunna bryta banden med det onda i ett liv. Detta förklarar varför katarerna, förföljda av albigesi -korstågen, kastade sig spontant i bålarna och låter sig brännas genom att sjunga.

Jehovas vittnen tror på uppståndelsen och i en framtida belöning för de rättfärdiga, som kommer att delas in i två kategorier:

- Den första kategorin består av den lilla flocken, bestående av 144 000 utvalda som kommer att regera på himlen tillsammans med Kristus utan en köttslig kropp, men med en andlig;

- Den andra kategorin inkluderar alla andra tjänare till Gud som kommer att leva för evigt, med en ny kropp, till ett land som förvandlas till paradiset.

Den orättvisa kommer att stiga igen i detta paradis, men kommer alltid att omfattas av den andra döden.

Enligt islamisk tro är mänskligheten avsedd för döden och "domens dag". Den här dagen kommer Allaḥ att beordra änglarna att spela trumpeterna som vid den första ringen kommer att orsaka förintelse av varje varelse. Vid den andra trumpetringen kommer alla män, ingen uteslutna, att återuppstå i kroppen, själen och andan, att bedömas och belönas med paradiset eller dömas till helvetet. Domens dag kallas också Yawm al-Qiyāma (uppståndelsedagen).

Reinkarnation i östra religioner.

I vissa östliga religioner tar uppståndelsen ofta formen av reinkarnation, eftersom deras dogmer hävdar att varje levande varelse, från antophant form, bara för att nämna några exempel, är en avlidens bärare eller själ.
Den klassiska formen av reinkarnationsläran kommer från Indien där den utvecklades i de brahmaniska skrifterna, på 900 -talet f.Kr.
Begreppet reinkarnation utvidgades i Upanishads efter sjunde århundradet. Upanishad är indiska religiösa och filosofiska texter sammansatta på sanskrit. Användningen av detta språk tillät att texterna användes av andra stora östliga religioner som buddhism. Därefter introducerades reinkarnation av kinesisk taoism, mot det tredje århundradet.

Uppståndelsen i Nya testamentet

Tron på uppståndelsen förkunnas i evangeliet och bekräftas på nytt i de andra bibliska böckerna, särskilt i "Apostlagärningarna" och i "Sankte Paulus' brev", där det står att döden är "syndens lön".

För kristendomen var Jesu död inte bara ett offer av en oskyldig man, utan den unika och grundläggande händelsen av frälsning. Enligt den kristna tron kommer Jesus snart tillbaka och i hans uppståndelse kommer alla troende att återuppstå..

Bild 22 - Tao på kinesiska betyder "borta". I östliga filosofier representerar Tao -symbolen, annars också om "yin och yang", vägen, att bli alla saker, som förverkligas med en rörelse som svänger mellan två ytterligheter.

Bild 23 - Lazzaros uppståndelse i en gammal grekisk ikon.

Dualism. Entropi och synkronicitet.

”Om man ser med ett kallt öga på katastrofen i mänsklighetens historia är det svårt att undvika slutsatsen att människan är drabbad av en medfödd psykisk störning som driver henne till självförstörelse. Mord bland medlemmar av samma art är ett fenomen som är okänt i hela djurriket, förutom människan och ett fåtal arter av myror och möss.

(Arthur Koestler, i tidningen The Observer)

Exemplen på synkronicitet som diskuterades tidigare innehöll ett dechiffrerbart budskap i termer av "hjälp vän". Filippo leds till insikten att hans äktenskap behöver revideras, medan Matteo omedvetet räddar Fulvios liv. Man skulle kunna säga att de två synkroniteterna ingrep som positiva återbalanserare av negativa situationer, eller snarare att de agerade som "domare" i en situation som förutsåg två möjligheter som kunde identifieras som "goda" och "onda" enligt utbredda mänskliga kriterier.

Faktum är att den vanliga tanken hos människor, ur en teoretisk synvinkel, alltid gynnar lösningar som kan undvika sorg och lidande för andra. Istället, ibland skruplar vi inte för att önska allt ont för många av dem som står oss nära. Därför kan gott och ont samtidigt vara närvarande i samma persons domar, ofta i samma dom.

Ur en generisk synvinkel indikerar termen "Bra" allt som framstår som önskvärt för individer och sådant att det kan betraktas som det slutliga målet att uppnå i ens existens. Begreppet "ondska" är vanligtvis motsatt, men inte separat, faktiskt samexisterande.

Därför är gott och ont två sidor av samma mynt, absolut oskiljaktiga; de finns inte bara i mänskliga bedömningar, utan i alla kosmologiska visioner och nästan i alla filosofier och religioner, med mindre eller större accentueringar. Gott och ont representerar en dualitet.

Dualism.

Termen dualism definierar alla religiösa, filosofiska eller till och med metodologiska och vetenskapliga doktriner, som ger förekomsten av två motsatta eller oförenliga principer.

I den här boken har jag redan hänvisat till många dualistiska principer, såsom den som är typisk för Francis Herbert Bradleys filosofi, som rör utseende och verklighet. Bradley är en engelsk filosof som levde från 1846 till 1924. Enligt hans tanke ligger sanningen i alltings enhet: det finns ingen separation eller mångfald av saker. Hela världen av mänsklig erfarenhet är utseende; endast det absoluta medvetandet är verkligt. En annan typ av dualitet som täcks brett i den här boken är den som rör religion och vetenskap, ett tema som utforskats av William James, en amerikansk psykolog och filosof av irländskt ursprung som levde från 1842 till 1910.

Termen "dualism" bör tillskrivas Thomas Hide, en engelsk orientalist född i Billingsley 1636 och levde till 1703.

I sitt verk "Historia religionis veterum persarum" (Historia om den antika persiska religionen), med hänvisning till zoroastrianism och manikeism, definierar Hide dualism som begreppet ständig kamp mellan ljus och mörker, d.v.s. gott och ont.

Det är två villkor som är närvarande samtidigt och som är oberoende och motsatta. Varje aspekt av mänsklig existens beror på användningen av gott från ont.

1710 publicerade filosofen Gottfried Wilhelm Leibniz i Amsterdam sitt verk "Theodicy" om Guds godhet, människans frihet och ondskans ursprung. I arbetet analyserade Leibniz dualismen mellan gott och ont i ljuset av den bibliska boken Job, och spårade samma ursprung i universum tillbaka till principerna om gott och ont. I Leibniz har varje negativ händelse, såsom katastrofer eller förekomsten av omotiverad ondska som drabbar de oskyldiga, sin förklaring i harmonins överlägsna lag som övervakar den gudomliga skapelsen och som rättfärdigar varje händelse i ljuset av en överlägsen design som är okänd för människan. .

Även Pierre Bayle (1647-1706) anger i sin "Critical Historical Dictionary" närvaron av gott och ont som universums materiella ursprung, om än ur en rationalistisk synvinkel.

På senare tid påminner marxismen om överbyggnadsstrukturdualismen och inom psykologins område föreslår Jung den medvetna-omedvetna dualismen. En av de mest undersökta dualismerna för närvarande är sinne-hjärndualismen, som jag redan har nämnt i den här boken.

En form av icke-filosofisk men rent fysisk dualism, som antar en avgjort relevant aspekt för syftet med denna bok, är den som föddes från de kvantfysikexperiment som genomförts de senaste åren. Detta är våg-partikeldualiteten, som ligger till grund för den otroliga verkligheten av kvantintrassling.

Det finns emellertid en annan form av dualism, som många forskare verksamma inom kvantfysik eller filosofi antyder eller blygt låter framträda i sina verk, och det är dualiteten mellan människans entropi, d.v.s. den mänskliga tendensen till självförstörelse, och synkronicitet som, trots detta, leder mänskligheten mot progressivt högre evolutionära stadier.

Den entropiska mannen.

Entropi eller termodynamikens andra lag, en av fysikens grundläggande lagar, säger att system som lämnas åt sig själva under normala förhållanden tenderar att bli oordnade och korrupta i direkt relation till tidens gång. Allt levande och icke-levande slits, förfaller och självförstörs. Detta är det säkra slutet som, fysiskt sett, alla varelser måste möta; det är en oundviklig process som inte har någon återvändo.

Med mindre vetenskaplig punktlighet kan vi föreställa oss att det, förutom den fysiska entropin som berör all materia, finns en psykisk entropi som berör mänskligheten. Faktum är att varje människa har en medfödd tendens till självförstörelse, och tendensen hos individer spridda över hela samhället kan obönhörligen bli en tendens hos hela samhällen och folk.

Människan tenderar till självförstörelse i mycket större utsträckning än någon annan levande varelse. Förstörelsen av ekosystem och kärnkrafts- och bakteriologiska krig utgör enorma faror idag. Detta är inget nytt: för det förflutna minns vi religions- och erövringskrigen, slaveriet och alla andra metoder för mord och förtryck. Vi kan säga att allt började när Kain förmodligen använde en sten för att döda sin bror Abel.

Omotiverad grymhet som stöds av kapprustningen har alltid dominerat mänskligt beteende, utan att vi insett hur förstörelsen av vår nästa är förstörelsen av oss själva: otaliga gånger har vi riskerat utrotning, och vi riskerar det fortfarande med större säkerhet på grund av kraften hos nuvarande vapen .

Många restriktiva lagar och religiösa bud är avsedda att stävja den mänskliga artens självskada: döda inte, stjäl inte, gör inte mot andra vad du inte skulle vilja göra mot dig. Trots detta bär människan inom sig självförstörelsens frö, hon tycks söka sin egen och andras död. Trots att hon är medveten om denna risk, är människan oförmögen att ändra sig från sin psykiska entropi.

Entropi är inte vad det ser ut att vara.

I verkligheten har till och med entropin aspekter enligt vilka det inte är precis vad det ser ut vid första anblicken, det vill säga det där "irreparable problemet" som Boris Yellnikoff beskrev i filmen "Whatever Works". Nyckeln ligger i frasen: ”Det kallas entropi; Det är som när tandkräm kommer ut ur tuben och inte kan gå in igen."

Vi tar det för givet att, på nivån av vår sensoriska upplevelse, fungerar entropi exakt som en sönderfallande aktivitet som verkar i tidens riktning. Men om vi lämnar vår nivå för att gå in på nivåer av rum och tid som går utöver vår direkta upplevelse, kan vi ge entropi olika ansikten och betydelser.

Låt oss ta ett exempel med vår planet, jorden, och jämföra vad den var i sin linda och vad den är nu.

Urjordens utseende, för cirka 4,5 miljarder år sedan, var helt annorlunda än den nuvarande; dess yta slets ständigt sönder av mäktiga vulkanutbrott och plågades av ihållande regn som skulle pågå i miljoner år, tills haven skapades. Därför ett nästan infernaliskt panorama av kala vulkaniska stenar upplyst av de nya utbrottens glödande lava. Säkert en plats där det skulle ha varit omöjligt att leva.

Jordens allra första atmosfär, som mestadels bestod av väte, blåstes bort av solvinden. Det förekom dock rikliga och kontinuerliga utbrott som bildade en andra atmosfär bestående av bland annat koldioxid, kolmonoxid, ammoniak, vattenånga och metan. Denna miljö, med hjälp av blixtar och ultraviolett strålning från solen, var en idealisk vagga för bildandet av organiska molekyler redo att utvecklas till allt mer komplexa organismer. Så snart dök livet upp; de äldsta kända spåren går tillbaka till 3,8 - 4 miljarder år sedan och är förfäder till nuvarande bakterier, mycket enkla och primitiva encelliga organismer som dock kan utföra de grundläggande aktiviteter som är typiska för levande varelser, såsom matning och reproduktion.

Men hur var utvecklingen av dessa urväsen möjlig med utgångspunkt från de enkla organiska molekylerna som fanns i atmosfären för fyra miljarder år sedan? Vad gjorde entropin när detta hände? För om vi ska vara ärliga måste vi inse att det var en process att bygga, inte att förstöra.

Det är sant att de smutsiga och karga gråaktiga vulkaniska klipporna som utsatts för entropilagen smulades sönder under årtusendena, och hela bergskedjor försvann när de planade ut. Vilken mänsklig observatör som helst kunde ha intygat, enligt hans erfarenhet, entropins destruktiva kraft.

Men om den observatören kunde frigöra sig från de begränsade tidsbegränsningarna för sin observation, förlänga den längre över årtusenden, skulle han ha sett bergarten förvandlas till mindre och mindre delar tills det blev jord.

Då skulle han ha sett att landet täckte vidsträckta slätter och erbjöd en livsbefrämjande miljö. Samma observatör skulle säkert ha sett vattnet erodera och urholka klipporna, skapa sina stigar och förstöra miljön han korsade. Men då skulle han ha sett födseln av floder, kapabla att bära gödande element i de länder som föddes från sönderfallet av klipporna. Observatören skulle ha sett födelsen av örter, växter, blommor, insekter och andra levande varelser av alla slag, det vill säga av den naturen som vi idag definierar som underbar och som är grunden för vår matcykel och vår överlevnad.

Låt oss inse det: utan entropi skulle vi inte vara här idag. Därför, utöver vad som kan tyckas för en enstaka observation begränsad i tid, är den slutliga åtgärden av entropi inte destruktiv utan kreativ.

Evolutionens historia motsäger radikalt principen om entropi. Evolutionister hävdar att den spontana kombinationen av oorganiska atomer skulle ha inträffat under en begränsad tid och i en exakt ordning för att bilda extremt komplexa molekyler som proteiner och sedan DNA. Ur denna tillfälliga sammanslagning skulle miljontals levande arter med komplexa biologiska strukturer ha uppstått spontant.

Den klassiska tolkningen av entropilagen förnekar att denna process kan äga rum; men i själva verket hände det. Evolutionsforskare undrar över detta problem utan att kunna föreslå lösningar. Evolutionsforskaren Roger Lewin säger i en artikel som publicerades i tidskriften Science:

> "Enligt termodynamikens andra lag bör system förfalla över tiden och uppvisa mindre, inte större ordning."

Jesse Hackley Rush, läkare och evolutionsforskare, skriver detta:

> "I det komplexa förloppet av sin utveckling avslöjar livet en slående kontrast med avseende på tendensen uttryckt i termodynamikens andra lag. Medan denna lag talar om oåterkalleliga framsteg mot ökad entropi och oordning, utvecklas livet ständigt mot högre nivåer av ordning."

Volymen "The Evolution Deception" (Harun Yahya) rapporterar åsikten från en annan evolutionistisk forskare, George Stravropoulos, publicerad i den välkända vetenskapliga tidskriften American Scientist:

> "Under vanliga förhållanden kunde ingen komplex organisk molekyl bildas spontant, utan borde snarare sönderfalla, enligt termodynamikens andra lag.
> I verkligheten, ju större komplexiteten är, desto större bör instabiliteten och säkerheten på grund av sönderfall vara. "

En "ab absurdum"-lösning föreslås av den berömde evolutionisten Jeremy Rifkin i hans essä "Entropy", publicerad 1980, där han talar om en "magisk kraft" som skulle göra det möjligt för evolutionen att inte överväldigas av entropi.

Det finns faktiskt en "magisk kraft" som kan tämja entropi, och det är synkronicitet. I den onda-goda dualismen samexisterar de två krafterna och skapar en kosmisk verklighet avsedd att se det godas seger. På liknande sätt verkar entropi-synkronitetsdualismen i kosmos i en utmaning som kommer att se segern för denna "Entitet" som genererar synkroniteter.

Synkronicitet som ett intelligent evolutionärt projekt.

Synchronicity är ett evolutionärt projekt som styrs av en intelligens, som vi kan definiera som "Universal Mind", som kan ingripa inte bara i enstaka människors liv, som i Philips och Matthews fall, utan också i gruppens liv, folk och nationer, och på hela mänsklighetens resa. Detta motiverar det faktum att varken entropi eller mänsklig självviskhet har hindrat det fysiska universum från att utvecklas mot allt större perfektion snarare än mot förfall. Mänsklighetens historia har inte hittat sitt slut i en kollektiv självförstörelse utan har utvecklats mot konstens, kulturens triumf och, i slutändan, medvetenheten om ett öde som går bortom den fysiska döden.

I min förra bok "Entanglement and synchronicity" fokuserade jag på den verkligt förbryllande omständigheten under vilken den mänskliga arten, som började för miljoner år sedan med de första hominiderna, förblev i tillståndet av stencivilisation under en oerhörd tid. För bara tolv tusen år sedan startade den mänskliga arten ett mycket snabbt kulturellt språng som förde oss idag att resa i solsystemet.

Allt detta är inte möjligt i en gradvis evolutionär process. Något hände för tolv tusen år sedan, något som efter miljontals år av kulturell sömn låste upp det mänskliga medvetandet och lät det nå sina nuvarande höjder.

Det händer ofta att vissa upptäckter görs samtidigt, på olika platser i världen, av två forskare omedvetna om varandras arbete. I dessa fall måste vi föreställa oss att input har getts av ett kollektivt psyke, gemensamt för båda. Till exempel hände detta i uppfinningen av telefonen av Antonio Meucci i New York och Alexander Bell i Boston.

Den 22 april 1984 förklarade "Centers for Disease Control and Prevention" offentligt att det franska Lav-viruset definitivt hade identifierats som orsaken till AIDS av forskare vid Pasteur Institute.

Nästa dag meddelade Margaret Heckler, sekreteraren för Health and Human Services att Robert Gallo, chef för National Cancer Institutes tumörcellbiologiska laboratorium, hade isolerat viruset som är ansvarigt för AIDS och kallat det HTLV-III. Så började en verklig juridisk strid mellan de två prestigefyllda forskningsinstituten, som båda hävdar faderskapet till upptäckten.

Det är obestridligt att många upptäckter eller tekniker som pilbåge som lämpar sig för att skjuta pilar, jordbruk, djuruppfödning eller pyramidformade konstruktioner har gjorts av olika och mycket avlägsna folk, praktiskt taget på ett samtida sätt. Faktum är att de är tekniska händelser som har ägt rum på alla ställen under de senaste tolv tusen, med avseende på en historia på miljontals år

Idag är enskilda forskare och forskningslaboratorier främsta angelägenhet att publicera resultaten innan någon annan gör det; Faktum är att alla vet, även om de inte har exakt kunskap om det, att säkert någon annan, någonstans i världen, gör samma forskning som dem. Detta skapar för övrigt verklig dramatik i forskarnas samveten, sliten mellan hur brådskande publiceringen är och rädslan för att inte ha beaktat någon aspekt som kan ogiltigförklara resultaten.

Dessutom kan vi inte undgå att lägga märke till de mycket talrika upptäckter som ägde rum "av en slump", som om en mystisk sufflare ville peka ut dem då och då. Vi pratar om röntgenstrålar, superlim, anestesi, penicillin, mikrovågsugnar, sackarin, transistorer, kardborreband, teflon, ärg och många andra. Coca-Cola "uppfanns" den 8 maj 1886 i Atlanta, (Georgia, USA) av farmaceuten John Stith Pemberton som absolut inte ville uppfinna en drink, utan ett botemedel mot huvudvärk, alltså en medicin. Det första namnet som gavs åt drycken var "Pemberton's French Wine Coca".

Kulturella synkroniteter.

Joseph Cambray talar i sin bok "Synchronicity. Nature and psyche in an interconnected universe" om kulturella synkroniciteter och citerar händelser som omfattar hela civilisationer och miljontals människor, såsom framväxten av demokrati i det klassiska Grekland, en händelse som utvecklades på en mycket kort tid och i en mycket liten del av planeten.

Jag tror att vi för närvarande upplever en annan stor kulturell synkronicitet som drivs av utvecklingen av kvantfysiken, en vetenskapsgren som föddes för några decennier sedan. Kvantfysiken avslöjar otroliga möjligheter, såsom förekomsten av icke-fysiska nivåer som sammanbinder all materia i universum till ett enda nätverk.

Det är nivåer där partiklar, masslösa och i form av vibrerande energi och ren information, kan frigöra sig från de begränsningar av tid och rum som materia måste underkasta sig i vår förståelsenivå.

Den "kvantsynkronitet" vi upplever borde leda till ett otänkbart kulturellt språng: materialismens övervinnande och födelsen av en förenande vetenskap om natur och psyke, ande och materia. Endast genom en psykisk nivå kommer det att vara möjligt att övervinna de fysiska barriärerna och komma in i universums Medvetande, att dra nytta av all energi och all intelligens som finns däri. Det kommer att bli ett språng vars potential vi inte ens kan föreställa oss och som kommer att öppna "himlens" dörrar för mänskligheten med allt som himlen innehåller.

Den antropiska principen.

"Vi är den lokala förkroppsligandet av ett kosmos som vuxit till självmedvetenhet. Vi har börjat förstå vårt ursprung: vi är stjärnmateria som mediterar på stjärnorna."
(Carl Sagan)

"O strålande sol, vad skulle du vara, om jag inte var här nedanför, för att få dig att lysa på mig?"
(Friedrich Nietzsche, Så talade Zarathustra)

Figur 24 - Jubileumsfrimärken utgivna av Polens postkontor med anledning av firandet av 500-årsdagen av Nicolaus Copernicus födelse. Vid detta tillfälle myntade Brandon Carter termen "antropisk princip".

Människans roll i universum.

Idén som uppstår vid läsning av föregående kapitel, enligt vilken ett "universellt sinne" skulle fungera genom individuella eller kollektiva episoder av synkronicitet för mänsklighetens kulturella utveckling, antar att människan som lever på planeten Jorden tilldelas en central roll. För att uppfylla denna roll skulle människan vara föremål för uppmärksamhet, skydd och vägledning från detta "Sinne".

Omvänt, i den vetenskapliga kosmologin representerar människan ingenting annat än en produkt av materiens utveckling, absolut irrelevant för utvecklingen av planeten Jorden, än mindre för universums. I sanning, fram till 1500-talet placerade den kulturella visionen människan i universums centrum. Teorin som Copernicus senare utvecklade, enligt vilken planeterna kretsar runt solen, gjorde att jorden gick från att vara universums centrum till en ren liten planet. Som ett resultat blev också människan bara en av många irrelevanta varelser placerade i en liten del av universum.

Den antropiska principen.

År 1973 utarbetade en vetenskapsman, Brandon Carter, en ny formulering av förhållandet som förenar människan med universum. Han kallade den "den antropiska principen" och presenterade den för det vetenskapliga samfundet under ett symposium om "Jämförelse av kosmologiska teorier med observationsdata" som hölls i Krakow som en del av firandet av 500-årsdagen av Nicolaus Copernicus födelse. Denna princip, mycket omtvistad i sin så kallade "starka" formulering, kullkastar den kopernikanska visionen om förhållandet mellan människor och kosmos och återställer människans centralitet.

Bild 25 - Minne av den nyligen avlidne Stephen Hawking och hans bok "The Universe in a Nutshell". I boken diskuterar han ämnen relaterade till M-teorin om det flerdimensionella universum och hänvisar ofta till Brandon Carters "Antropiska princip".

Redan innan Carter gjorde det offentligt delades denna teori redan med andra forskare som Martin Rees, Freeman Dyson, John Wheeler och andra.

En vetenskapsman av Stephen Hawkings kaliber var från början tveksam, men efter formuleringen av teori M (teori som förenar allt i ett flerdimensionellt universum) ändrade han sig. Hawking blev en anhängare av den antropiska principen, och han tog hänsyn till den i alla sina studier och efterföljande publikationer, som boken "Universum i ett nötskal".

Brandon Carter

Brandon Carter (fig. 26) är en australisk fysiker, känd för sina studier av egenskaperna hos svarta hål och för upptäckten av en fjärde rörelsekonstant, döpt, med hänvisning till hans namn, "Carters konstant". Han är därför en vetenskapsman av kaliber, och det gjorde honom särskilt pålitlig när han formulerade teorin han definierade som den !antropiska principen".

I dess allmänna konturer hävdar denna princip att mänskligt medvetande inte är det tillfälliga resultatet av materiens utveckling, utan snarare ankomstpunkten för en utveckling av universum som syftade just till medvetandets födelse. Principen som den uttrycks av Carter i Krakow har två formuleringar, kallade "svag" och "stark".

Den "svaga" antropiska principen.

Den så kallade svaga antropiska principen hävdar att vår position i universums rum och tid verkligen är privilegierad eftersom alla konstanter som ligger till grund för universums funktion är kalibrerade till de mest lämpliga värdena för utvecklingen av vår typ av liv. Genom en rad otroliga tillfälligheter är lagarna som styr universum förenliga med möjligheten att intelligent liv existerar. Till exempel, om solen hade en lite annan storlek, eller om jorden kretsade runt solen på ett lite annat avstånd, skulle haven bli kokande krukor eller berg av is. Jorden roterar med en mycket liten excentricitet, lika med 2 %, och lutningen på rotationsaxeln är sådan att den exakt tillåter växling mellan årstiderna.

Livet på jorden är baserat på kol, som dumpades på vår planet efter explosionen av stjärnorna där det bildades. De fyra fundamentala krafterna som styr kosmos beror på några fysiska konstanter som till exempel Hubble-konstanten, Plancks konstant, den universella gravitationskonstanten, den elektriska laddningen och elektronens massa.

Det faktum att alla dessa konstanter är exakt kalibrerade på värden som kan tillåta livets utveckling är otroligt överraskande: det skulle räcka för att bara en har ett minimalt annorlunda värde för att göra livet omöjligt.

à

John David Barrow

Frank Tipler

Brandon Carter

Figur 26 - Ovanför John David Barrow och Frank Tipler, författare till boken "The anthropic principle". Längst ner till vänster Brandon Carter, som formulerade teorin.

De möjliga värdena för de fyra fundamentala interaktionerna (gravitationell, elektromagnetisk, svag kärnkraft och stark kärnkraft) och för de subatomära partiklarna (proton, neutron, elektron) skulle vara oändliga, och endast de värden som vi faktiskt mäter tillåter oss att skapa ett interaktivt nätverk mellan dem som ger upphov till ett livsgenererande universum. Bland de oändliga konfigurationerna. bara en valdes, mycket specifik. Stephen Hawking skriver i sin bok "From Black Holes to the Universe":

> "Om universums densitet en sekund efter Big Bang hade varit större än den kritiska densiteten med en del på hundra miljarder, skulle universum ha kollapsat efter 10 år. Om det istället hade varit mindre än samma värde, skulle universum redan vara tomt efter 10 års existens."

Den "starka" antropiska principen.

Den starka principen säger att universum måste vara precis som det är för att tillåta livets utveckling, vid ett visst ögonblick i dess historia, som sammanfaller med den era vi lever i, det vill säga cirka 14 miljarder år efter dess bildande. Bland de många universum som kunde ha fötts från Big Bang har just det utvecklats som gör att vi kan vara här idag. Sannolikheten att detta händer är en på flera miljarder. Om detta hände av en slump skulle slumpen ha vunnit ett omöjligt lotteri.

Detta betyder att universum utformades för att tillåta oss att vara här idag. Universum har ett specifikt syfte: det måste vara värd för människan.

Därför är människan inte en gäst som av en bisarr olycka råkade in i ett universum som ignorerar henne. Människan är anledningen till att universum existerar. Denna teori antyder att universum bildades med syftet att främja liv och utveckling av medvetande; det vill säga att universum utformades som en kokong, en moderkaka i vilken liv i allmänhet och mänskligt medvetande i synnerhet kunde uppstå.

Antagandet att universum skapades för oss ger det verkligen ett syfte. Kosmos är inte en kaotisk massa av rå materia, utan svarar på ett projekt av människans förverkligande. Kosmos växlingar hanteras inte längre av en slump, utan kräver närvaron av en "intelligent design", och därför existensen av en "designer" eller ett "universellt sinne".

Detta kan också ha religiösa implikationer som det dock inte finns några uttalanden om, åtminstone på den katolska sidan. Fader Gabriel Funes, en jesuit, tidigare chef för "Vatikanobservatoriet", dvs. för den katolska kyrkans astronomiska observatorium, uttalade i detta avseende att "Kyrkan har ingen teori och har ingen ställning till den antropiska principen, men förblir öppen för vad vetenskapen kommer att kunna ta reda på”. Inga uttalanden från den nuvarande regissören, bror Guy Joseph Consolmagno, är kända.

John David Barrow och Frank Tipler.

Fysikerna J. Barrow och F. Triple publicerade 1986, i USA, volymen "The Anthropic Cosmological Principle" där de inte bara utförligt behandlar den antropiska teorin, utan också föreslår en betydande studie av den.

De två författarna beskriver utförligt den begreppsmässiga grunden för den antropiska principen: om ett alarmerande antal extraordinära sammanträffanden inte inträffade i form av fysiska lagar och i värdena för naturens konstanter, skulle biokemi, liv och intelligent liv inte vara möjlig. Ett universum skapat av en slump skulle inte tillåta liv, och vanliga astronomiska objekt och vanlig materia skulle inte heller vara möjliga.

Utgående från denna observation kommer de till slutsatsen att ett projekt nödvändigtvis existerar. I studien av de två vetenskapsmännen utvecklas den "svaga antropiska principen" till den "starka principen". Barrow skriver så här i boken:

> "När vi försöker föreställa oss en hel samling av hypotetiska "andra universum" där alla kvantiteter som definierar strukturen i vårt universum antar alla möjliga förändringar av värden, skulle vi finna att nästan alla dessa möjliga

> universum som vi skapade på papper var dödfödda, oförmögen att generera den typ av kemisk komplexitet vi kallade "liv".

Denna upptäckt har fått Brandon Carter att föreslå att någon mer spekulativ metafysisk aspekt kan existera i universum, som han har kallat den "starka antropiska principen", för att skilja den från den mer kontroversiella svaga antropiska principen. Den starka principen säger att eftersom det verkar finnas ett så stort antal anmärkningsvärda "tillfälligheter" som tenderar att tillåta möjligt liv i universum, måste denna princip vid ett visst evolutionärt ögonblick ge upphov till existensen av "observatörer".

Den "antropiska ultimata principen".

Barrow och Tipler antar en tredje form av den antropiska principen, den "ultimata antropiska principen", enligt vilken "Intelligent informationsbehandling nödvändigtvis måste utvecklas i universum och när den väl dyker upp kommer den aldrig att försvinna".

Enligt de två forskarna skulle ett universum med förmågan att producera intelligent liv inte vara vettigt om detta universum inte varade tillräckligt länge för att kunna utveckla en intelligent art.

"Den deltagande antropiska principen"

Denna form av den antropiska principen föreslås av John Archibald Wheeler som ett alternativ till den starka principen. Enligt Wheeler är observatörer nödvändiga för universums liv, liksom nödvändiga för dess kunskap; därför deltar människan, som observatör av universum, aktivt i sin egen existens.

"Samvetets missionärer"

2005 dök en artikel upp på SETI-webbplatsen (Search for Extra-Terrestrial Intelligence, ett program dedikerat till sökandet efter utomjordiskt intelligent liv) med titeln "The Drake Equation" där deltagandeprincipen utökades ytterligare. Med hänvisning till eventuella meddelanden mellan invånare i kosmos, sade artikeln att "Sändarnas uppdrag består i att sprida medvetande i universum". Enkelt uttryckt, den som skickar meddelanden till universum blir en "medvetandemissionär". Han sprider "Medvetandet", i den form han känner, till enheter som kan dra nytta av det.

Den antropiska principen och tiden.

Den mest objektiva vetenskapen avvisar inte rimligheten i antropisk finalitet, eftersom det skulle vara avgjort absurt för en sådan perfekt kosmisk konstruktion att härleda från slumpmässighet och inte ha något syfte. Eftersom detta är fallet, finner en frekvent invändning också ett svar: "Om slutet är människan, som bara lever på planeten Jorden, varför behöver universum så mycket utrymme och så mycket materia?".

Svaret är att de konstanter som möjliggör livet tog tid och utrymme att materialiseras. Det var nödvändigt för universum att åldras och expandera för att tillåta stjärnor att tillverka de kemiska grundämnen som är grunden för livet på jorden, såsom kol. Dessutom är det inte uteslutet att det finns andra planeter på vilka samma liv har utvecklats, precis som det inte är uteslutet att människan kan exportera sin civilisation till andra planeter och galaxer.

Det första grundämnet som dök upp i universum var väte, vars atom bara innehåller en proton. Cirka tre minuter efter Big Bang, fusionen av två eller tre väteatomer möjliggjorde bildandet av helium och litium, som har två respektive tre protoner.

I det inre av stjärnor bildade fusionen av två heliumatomer beryllium. Genom sammansmältningen av en atom av beryllium och en av helium föddes instabila kolatomer, som blev stabila först när temperaturen i stjärnan steg till 100 miljoner grader Kelvin. Slutligen, när stjärnan, i slutet av sin livstid, exploderade och genererade en supernova, drevs kol och andra metaller ut i rymden och gick till att bilda andra himlakroppar, inklusive planeter.

Vid denna tidpunkt har vi fastställt att liv är avgörande för universums existens. Om universum vore oändligt i rum och tid, skulle vi kunna fråga om inte livet självt kunde vara oändligt i tid och rum. Och framför allt kan vi fråga oss hur denna oändlighet, eller odödlighet, ska förstås. Kan det hänvisa till livet i allmänhet, till bevarandet av arter, uppfattat som bevarande av arten, eller kan det hänvisa till varje enskild individ?

Skulle det vara möjligt att föreställa sig odödliga levande varelser?

Vi har redan tillskrivit odödlighet till materiens väsentliga beståndsdelar, atomerna. På det biologiska området kan vi bland levande varelser hänvisa till bakterier, som vanligtvis inte slutar sin existens med död utan med splittring. Bakterier har förmågan att dela sig i två delar, som var och en behåller allt genetiskt arv från den ursprungliga bakterien. Utom för olyckor pågår denna process i oändlighet och det är lätt att räkna ut att om en bakterie splittras varje halvtimme, kan den på en dag generera 250 000 miljarder liknande bakterier.

Om till och med överlägsna organismer, såsom människan, nådde förmågan att splittras med bibehållande av det neuronala arvet, d.v.s. självmedvetenhet, skulle de praktiskt taget bli odödliga. Detta är för tillfället att betrakta som omöjligt: i själva verket består bakterier av en enda cell medan människokroppen inkluderar myriader av celler som är specialiserade på olika sätt för varje organ (hud, lever etc.) som alla borde delas kl. samtidigt.

Frank Tiplers Omega Point.

Frank Jennings Tipler (fig. 26) medförfattare tillsammans med John Barrow av "The Anthropic Principle", är en amerikansk professor och författare som undervisar i matematisk fysik vid Tulane University i New Orleans. De flesta av hans studier är inriktade på tidsresors fysik.

Han är också känd för att vara författare till "Omega Point"-teorin, som faktiskt tar upp teorin med samma namn som tidigare utvecklats av den franske jesuitforskaren Pierre Teilhard de Chardin.

Tipler försöker studera universums yttersta öde på ett liknande sätt som Isaac Asimov gör i romanen "Den sista frågan". I sin proposition, som han bygger på rimliga hypoteser som kan stödja den, utgår han från begreppet "evigt framsteg" för att anta den framtida existensen av en Gud, det vill säga en människa eller utomjording som har blivit odödlig, som liknar Nietzsches övermänniska. Han antar också att de dödas uppståndelse genom dator och "sinneuppladdning". Denna teknik skulle möjliggöra återhämtning och överföring av en individs mentala arv från den gamla till en ny kropp, eller till kroppen som återuppstått från de döda.

Dessutom antar Tipler att, tack vare en superdator, universum skulle kunna böjas efter mänsklighetens vilja, även genom att agera på den tid som redan har gått; på så sätt skulle det vara möjligt att rekonstruera händelser, världar och människor från det förflutna, med en teknik med "evig assisterad återvändande".

Faktum är att Tipler föreslår ett perspektiv kopplat till transhumanism, en kulturell rörelse som förespråkar användningen av vetenskap och teknik för att öka fysiska och mentala förmågor och för att förbättra alla aspekter av det mänskliga tillståndet som är oönskade eller skadliga, såsom sjukdom och åldrande. Denna tankerörelse hoppas på möjligheten till en förvandling som skulle gå utöver det mänskliga tillståndet.

Tiplers teser har, som väntat, väckt mycket kontrovers i den vetenskapliga världen. I en recension av Tiplers bok "The physics of immortality" kallar den sydafrikanske fysikern George Ellis Omega Point-teorin för "ett mästerverk av pseudovetenskap".

Andra forskare, som fysikern vid Oxford University, David Deutsch, finner Tiplers argument konsekventa. I sin bok "The Fabric of Reality" förklarar Deutsch sin teori om allt genom att införliva Tiplers Omega Point i hans resonemang.

I universums andliga centrum.

Sammanfattningsvis kan vi säga att vi är här på grund av universum och universum är här på grund av oss. Den antropiska principen omkonfigurerar modernt vetenskapligt tänkande. Detta hade börjat med Copernicus och hans upptäckt att jorden och planeterna kretsar runt solen; med detta hade han undergrävt den aristoteliska tanken som placerade jorden och människan i universums geografiska centrum.

Utvecklingen av modern fysik driver en ny vändning. Denna gång är människan, även om den inte längre är det geografiska centrumet som Kopernikus med rätta visade, fast etablerat som ett andligt eller psykiskt centrum.

Andra delen. Vetenskapliga bekräftelser.

Men vad är materia?

"Den moderna fysiken representerar därför materia inte som passiv och inert, utan i en kontinuerlig dans och vibrationstillstånd, vars rytmiska figurer bestäms av molekylära, atomära och nukleära strukturer. Det är också så österländska mystiker ser på den materiella världen. De betonar alla att universum måste gripas i sin dynamik, när det rör sig, vibrerar och dansar; att naturen inte är i statisk utan dynamisk jämvikt."

(Fritjof Capra, fysiker och essäist)

Sökandet efter bevis.

I den första delen av boken presenterade jag många teorier som utvecklats och föreslagits av forskare, baserade på tanke, filosofi och logisk slutledning, men som inte stöds av några experimentella bevis som erkänts av det ackrediterade samhället. Ett viktigt första steg för att ge vetenskaplig värdighet åt alla de diskuterade hypoteserna skulle bestå i att upprätta en verifierbar koppling mellan materiens fysiska funktionsnivå och en "andlig", dvs icke-deterministisk nivå.

På nivån av vår erfarenhet, som är absolut deterministisk, är det svårt att hitta icke-materiella kopplingar: ett bord eller en stol är bitar av trä eller metall och inspirerar inte, så långt som våra sinnen visar sig, psykiska eller metafysiska implikationer.

Detta är dock inte längre fallet när vi går in på nivån för de extremt små och observerar elementarpartiklarnas beteende. När människan äntligen, under de senaste decennierna, lyckats tränga in i den subatomära verkligheten, har naturen gett henne otroliga överraskningar från vilka det är möjligt att härleda existensen av en uteslutande psykisk nivå, gjord inte av materia utan av energi och intelligent information.

Den här andra delen av boken kommer att ägnas åt att utforska subatomära partiklars underbara värld.

Albert Einstein introducerade begreppet relativitet i fysiken. Många säkerheter, som härrör från vårt sätt att förstå världen, kollapsade genom att lära oss att tid och rum är relativa begrepp och kan ha olika värden beroende på förutsättningarna. "Tvillingparadoxen" är paradigmatisk: en av de två sätter sig på ett rymdskepp och färdas i rymden i många år, med en hastighet nära ljusets. När han återvänder hem upptäcker han att tiden har gått mycket långsammare för honom än för människorna kvar på jorden och många av dessa, som var i hans ålder, har redan dött: hans egen tvilling är många år äldre.

Inför dessa vetenskapliga bevis borde vi inte bli förvånade över att upptäcka att materia också är relativ. På den makroskopiska nivån eller det medelstora området där vi bor verkar det i allmänhet väldefinierat: dess gränser kan bestämmas, det kan vägas och mätas, dess hårdhetsgrad eller formbarhet kan fastställas. Om det inte gjorde det skulle vi ha problem varje dag. Dessa egenskaper hos materien förblir oförändrade även på en astronomisk nivå, och de fysiska lagarna som gäller för vårt köksbord gäller även för den sista planeten i en avlägsen galax.

På den subatomära nivån, det vill säga i det extremt lilla, förändras saker och ting och materia blir något mycket oklart med avseende på dess sanna väsen. Den subatomära nivån är den för elementarpartiklar, som är atomens inre komponenter.

Fysikens filosofi och mystik.

Fysikens filosofi studerar de logiska och metafysiska aspekterna av begrepp som energi, tid, rum och materia. Hon är särskilt intresserad av frågor om kausalitet och determinism.

Naturligtvis har filosofin varit intresserad av kvantfysik sedan den föddes, på grund av dess förmåga att undergräva grundläggande aspekter av den vetenskapliga traditionen, som till exempel begreppet mätning, abrupt ersatt av osäkerhet.

Driften av mätning på subatomär nivå blir omöjlig, eftersom den utförs på element så små att de störs av själva mätningen. Följaktligen kan atomer inte observeras direkt ens med det mest kraftfulla mikroskopet, utan bara "teoretiseras".

Detta sanktionerar determinismens misslyckande, som Pierre Simon Laplace gillade så mycket, och förebådar födelsen av nya värderingar som probabilism och indeterminism.

Indeterminism är en filosofisk attityd, ledd av den engelske astronomen Arthur Eddington, som medger slumpens verkan i avgränsningen av viljan eller verkligheten. Det vill säga, indeterminism medger att saker också kan hända av en slump, utan någon uppenbar anledning. Fakta är inte alltid produkten av orsak och verkan. Begreppet indeterminism har en tydlig definition:

> "Det fysiska systemets nuvarande tillstånd är inte fullt definierbart. Eller, vi kan säga att från

samma fullständigt definierade nuvarande
tillstånd kan många framtida tillstånd
potentiellt uppstå, men bara ett av dessa
kommer att inträffa.

Bland anhängarna av indeterminism finns vår tids största fysiker: Werner Karl Heisenberg, Niels Bohr, Arthur Compton, Pascual Jordan, Hans Reichenbach, Robert Millikan, Georges Lemaître m.fl.

Kvantfysiken bortser från deterministisk rigor och leder oss till en väsentligen mystisk uppfattning om kosmos, baserad på element som påminner om en möjlig andlig komponent vid sidan av den materiella.

Denna tanke om sakers verklighet tar oss tillbaka till mer än två årtusenden sedan, till de första grekiska filosofernas intuitioner. Men, i motsats till vad som hände vid den tiden, är den vision av kosmos som växer fram idag inte baserad på intuition utan på experiment utförda med stor precision i de bästa fysiklaboratorierna.

Rötterna till all västerländsk vetenskap och fysik i synnerhet finns på 500-talet f.Kr., i en period som inte kände till någon uppdelning mellan religion, filosofi och vetenskap, bland de vise i Miletos skola. Deras studier syftade till att upptäcka materiens verkliga konstitution, som de identifierade i termen "physiká", nu översatt som "fysik". "Physiká" representerade ansträngningen att upptäcka sakers väsen. Baserat på deras antaganden definierades

Miletos filosofer som "hylozoister", en term som betyder "de som tror att materia är besjälad". I själva verket gjorde de ingen skillnad mellan ande och fysisk materia; faktiskt, de hade inte ens en term för fysisk materia, eftersom alla former av existens för dem var utrustade med liv och andlighet. Framför allt hävdade Thales att gudomlighet fanns i allt och Anaximander beskrev kosmos som en enda organism som matas av "pneuma"

Därefter beskrev Herakleitos från Efesos en värld i ständig förändring, ett evigt "tillblivelse". Han trodde att alla omvandlingar av världen härrör från verkan av motsatser, och att varje par av motsatser bör betraktas som en enhet, som han gav namnet Logos. Ur motsatserna till Herakleitos uppstod tankeströmningar som ledde till separationen mellan ande och materia.

Parmenides av Elea, i avgjord kontrast till Heraklitos eviga tillblivelse, kallade sin grundläggande princip för "Oföränderlig Varelse", och hävdade att varje förändring var ren illusion av sinnena. Ur hans tänkande föddes idén om en oförstörbar substans placerad vid basen av egenskaperna hos sakers förändring.

Ur kontrasten mellan "evigt tillblivelse" och "oföränderligt väsen" utvecklades en tanke som betraktade "Varet" som närvarande i vissa oföränderliga ämnen som dock, blandade och separerade, gav upphov till förändringar och olika former. Därför föddes begreppet atom, som den minsta odelbara delen av materien. Atomen ligger till grund för allt trots all den skenbara mångfalden av saker. Idag vet vi faktiskt att allt är gjord av atomer.

Atomisterna, inklusive Demokritos, definierade en tydlig separation mellan ande och materia.De föreställde sig fysisk materia som sammansatt av "grundläggande byggstenar", det vill säga helt passiva och inerta partiklar som rörde sig i ett vakuum, och vars rörelse kunde bero på yttre krafter. Dessa krafter är av andligt ursprung, inte materiella. Denna bild blev sedan dominerande i det västerländska tänkandet, vilket gav upphov till dualismen mellan kropp och själ.

Aristoteles, i sin tro att problem som rör själen var viktigare än de som rör den materiella världen, skapade ett tankemönster som skulle underbygga uppfattningen om universum i hela västvärlden i nästan två tusen år. Kristendomen stödde också aristoteliska doktriner under hela medeltiden.

Under renässansen togs naturstudiet upp för första gången med hjälp av vetenskapliga metoder, det vill säga att tillämpa experiment styrda av teoretiska hypoteser. Galileo Galilei var den första att följa denna väg och anses därför vara den moderna vetenskapens fader.

Den moderna vetenskapens födelse gynnades av utvecklingen av filosofiskt tänkande, som accentuerade "ande-materia"-dualismen. På 700-talet beskrev René Descartes en natur som grundades på den grundläggande separationen mellan två distinkta och oberoende verkligheter, sinnet (res cogitans) och materien (res extensa). Den kartesiska separationen gjorde det möjligt för den vetenskapliga världen att betrakta fysisk materia som består av inerta föremål och helt skilda från varandra. Resultatet blev en representation av världen som liknar en ansamling av olika föremål, föremål som tillsammans utgör en ofantlig livlös maskin.

Kung Milindas vagn.

Milindapañha är en buddhistisk text komponerad i form av en filosofisk dialog, utspelad i staden Sāgalā, dagens Siyālkoṭ. Dialogen äger rum mellan munken Nagasena och Milinda, historiskt identifierbar med den indo-grekiske härskaren Menander I som regerade i Punjab mellan 155 och 130 f.Kr.

> "Kung Milinda gick dit munken Nagasena var och efter att ha hälsat honom artigt och vänligt frågade han honom:
> "Hur är du känd och vad heter du?"
> Nagasena svarade: "Jag är känd som Nagasena, o kung, och med det namnet tilltalar mina bröder och föräldrar mig."
> "Du säger mig att dina bröder är vana vid att tilltala dig som Nagasena. Vad är Nagasena nu? Du menar att håret är Nagasena?"
> "Jag säger inte det, store kung."
> "Eller kroppshår?"
> "Absolut inte."

"Kanske är Nagasena naglarna, tänderna, huden, köttet, nerverna, benen, märgen? Är någon eller alla dessa saker Nagasena?"

På var och en av dessa frågor svarade munken nej.

"Då är den yttre formen Nagasena? Är förnimmelser eller uppfattningar eller medvetande Nagasena?"

På var och en av dessa hypoteser svarade munken nej.

"Då är Nagasena ett tomt och fåfängt ljud. Vem är Nagasena som jag ser här framför mig? Nagasena är en lögn, ett bedrägeri!"

Då sade munken Nagasena till kung Milinda:

"Majestät, du växte upp i lyx. Om du går på stenig mark känner dina fötter smärta. Så jag frågar dig: Hur kom du hit? Kom du hit till fots eller i vagn?"

"Jag kom inte till fots. Jag kom i en vagn."

"Så, om du kom i en vagn, förklara för mig vad en vagn är. Är hästarna vagnen?"

"Jag sa inte det här."

"Är vagnen hjulens axel?"

"Självklart inte."

"Kanske är vagnen hjulen eller repen eller ramen eller oket eller ekrarna på hjulen?"

På alla dessa frågor svarade Milinda nej.

"Men vagnen kanske är något annat än de jag har nämnt? "

Milinda svarade nej igen.

> ”Då är ordet vagn ett tomt och fåfängt ljud. Med vilken vagn skulle du ha kommit? Det du sa är en lögn! Varför säger du falska saker?"
>
> Då kallade Nagasena grekerna och munkarna till vittnen och sade:
>
> "Kung Milinda sa att han kom i en vagn. Men när jag bad honom förklara vad en vagn är, kunde han inte göra det."
>
> Grekerna och munkarna applåderade och sade till kungen:
>
> "Nu, Ers Majestät, svara om du kan!"
>
> Kungen Milinda svarade Nagasena och sa:
>
> ”Jag har inte berättat någon lögn, vördnadsvärde herre. Uppsättningen som består av hästarna, axeln, hjulen, ramen, repen, oket, ekrarna och stången, indikerar den vanliga beteckningen vagn."
>
> "Mycket bra! - Sa Nagasena. Du förstod precis innebörden av vagn. På samma sätt är det uppsättningen av hår, naglar, tänder, uppfattningar, känslor och medvetande som indikerar Nagasena.”

Så, vad är Milindas vagn egentligen? Materialister skulle säga att det inte finns någon vagn utan de enskilda delarna. Delarna är helheten, och vagnen existerar endast som ett accessoriskt faktum, ett epifenomen vars närvaro eller frånvaro inte påverkar delarnas existens. Att delarna som helhet går för att bilda en vagn är helt slumpmässigt.

I en mer andlig vision skulle vi säga att de enskilda delarna får mening först när de, intelligent aggregerade, ger form åt vagnen, till munken Nagasena själv och till allt annat som finns i universum. Men varje uppsättning logiskt sammansatta delar kräver en intelligent design som går långt utöver trögheten hos materialen som utgör den.

Den separation som Descartes föreslagit.

Den mekaniska visionen av världen antogs av Isaac Newton, som använde den för att bygga sin mekanistiska vetenskap och lägga grunden till klassisk fysik. Den newtonska synen dominerade världen från mitten av 1600-talet till slutet av 1800-talet.

Descartes filosofi var inte bara viktig för utvecklingen av klassisk fysik, utan hade en enorm inverkan på västerländskt tänkande.

Hans berömda fras "Cogito ergo sum" (jag tror, därför är jag) fick människan att identifiera sig mer med sitt sinne än med sin kropp. Som en konsekvens är människan medveten om sig själv som en "andra" som lever inuti sin egen kropp. Sinnet, separerat från kroppen, får i uppgift att kontrollera det; detta orsakar en konflikt mellan viljor och instinkter.

Denna separation från ens kropp sträcker sig till den yttre världen, sedd som en samling av separata föremål och händelser. Den naturliga miljön består av delar som kan grupperas i intressegrupper (träd, stjärnor, mineraler eller faktiskt kung Milindas vagn).

Samhället är också uppdelat i raser, nationer, folk, religioner och politiska grupper, och vår inre krets är uppdelad mellan "min bostadsrätt, mina släktingar, mina vänner, mina arbetskamrater, de som har samma hobby som jag, besökarna på min stormarknad ".

Dessa splittringar är roten till alla sociala och kulturella kriser och har gett upphov till den oordning och orättvisa fördelning av resurser som ofta leder till våld och krig.

Kartesiskt tänkande har medfört fördelar och skada; han förtjänar beröm för att ha infört separation på ett vetenskapligt plan, medan det när det gäller sociala ondska är uppenbart att de existerade långt före Descartes. Därför ska filosofen inte klandras, tvärtom bör hans förmåga att ha lyft fram separationen mellan ande och materia som ursprunget till dessa problem erkännas.

Det är intressant att notera hur modern vetenskap, född ur den kartesiska separationen och Newtons mekanistiska uppfattning, omprövar dessa begrepp. Faktum är att detta århundrades vetenskap återvänder till den idé som de första grekiska filosofin uttryckte. Det var idén om ett kosmos baserat på samverkan mellan ande och materia.

Varför finns det något istället för ingenting?

Vetenskapen frågar ofta "hur" saker händer. Han frågar också "varför" de händer, men med mycket mindre frekvens. Faktum är att deterministiska föreställningar antar att "varför" är uppenbart och kan hittas logiskt i en rad orsaker och effekter. "Något" orsakar "något annat", och det räcker med att rekonstruera alla steg för att förstå fenomenets ursprung. Således är "varför" implicit i "hur". Det vill säga, det finns inget varför.

Denna diskurs blir ogenomförbar när vi talar om universums första födelse, eftersom, om vi betraktar ögonblicket före dess existens, i det ögonblicket ingen orsak verkade som skulle starta kedjan av effekter. Så på denna nivå förblir båda frågorna, hur och varför, obesvarade.

De vetenskaper som försöker lösa detta problem är kosmologi och fysik. Studiet av kosmos har visat att det är i en fas av expansion, på grund av att det fortsätter att sträcka sig ut i rymden. Utgående från de nuvarande förhållandena och simulera en bakåtväg, det vill säga en sammandragning, kommer vi till den punkt där materiens densitet och dess temperatur blir oändliga, en omöjlig situation. Därför kan det antas att universum började vid en specifik tidpunkt, placerad mellan nuet och ett ögonblick i det förflutna som var temporärt beläget innan förhållandena blev omöjliga.

Det skulle ha funnits ett exakt ögonblick när expansionen skulle ha börjat och universum skulle ha "fötts". Detta kan dock ge oss inslag om hur, men förklarar inte varför.

Det finns många kulturella och religiösa traditioner som försöker ge svar. Bibelforskare har länge diskuterat huruvida skapelsen använde redan existerande inert materia eller uppstod ur ingenting. Både forntida judisk exegetik och Philo, i den hellenistiska traditionen, är överens om att stödja "creatio ex-nihilo" (skapandet ur ingenting), en hypotes som fortfarande stöds av kristendomen idag.

I många andra fall föreslås ett universum som görs om med början från en initial situation av kaos, eller från ett ostrukturerat tomrum.

Enligt vissa traditioner kan universum härröra från en ursprunglig moders livmoder. Enligt andra mytologier kan universum födas från ett redan existerande ägg.

Det finns också traditioner enligt vilka universum alltid har funnits, enligt en tidsuppfattning inspirerad av jordbrukscivilisationer, varvid allt är föremål för en evig cykel av död och återfödelse.

I de flesta av de övervägda hypoteserna, med undantag för den bibliska, tas preexistensen av en sak för given, om än i form av kaos, livmoder eller ägg. Det förklaras ofta inte varifrån detta redan existerande ursprung kommer. Alla traditioner förklarar dock inte hur övergångsprocessen från ingenting till något kunde ha skett, förutom genom en gudomlig skapande handling.

Allt börjar med Big Bang.

Big Bang är en kosmologisk modell baserad på idén att universum började expandera i mycket hög hastighet under en exakt definierbar tid i det förflutna och att denna process fortfarande fortsätter.

Det är den dominerande idén i det nuvarande forskarsamhället, eftersom det har fått bekräftelser baserade på astronomiska observationer och bevis.

I synnerhet spelar det in i Big Bang-teorin att lätta element som väte och helium är särskilt rikligt i enlighet med de förutsagda värdena; en annan bekräftelse kommer från existensen av den kosmiska bakgrundsstrålningen, med ett spektrum som överensstämmer med förväntningarna. Dessa och andra experimentella fynd har övertygat de flesta forskare om att en Big Bang-liknande händelse verkligen ägde rum för cirka 14 miljarder år sedan.

När den föreslogs var acceptansen av idén varken självklar eller lugn. Big Bang förutsatte skapandet av all energi och all materia (som trots allt är en annan form av energi) i en inledande handling, ungefär som Descartes och Newton hävdade. Men andra såg Guds kreativa ingripande i universums början.

Denna omständighet gav resultatet att det vetenskapliga samfundet var mycket återhållsamt med att acceptera teorin. Istället accepterade den katolska kyrkan, tillsammans med påven Pius XII, det fullt ut i ett tal han höll torsdagen den 22 november 1951 vid påvliga vetenskapsakademin:

> ”Två frågor dyker alltså spontant upp: är vetenskapen kapabel att säga när denna kraftfulla princip om

kosmos ägde rum? Och vad var det ursprungliga, primitiva tillståndet i universum? De mest utmärkta experterna inom atomfysik har i samarbete med astronomer och astrofysiker strävat efter att belysa dessa två mödosamma men extremt intressanta problem. (...)

Det är obestridligt att ett sinne som är upplyst och berikat av modern vetenskaplig kunskap, som lugnt utvärderar detta problem, leds till att bryta cirkeln för en helt oberoende materia, antingen för att den var oskapad eller för att den skapades av sig själv. Ett upplyst sinne kommer att föreställa sig närvaron av en skaparande. Med samma klara och kritiska blick, med vilken den undersöker och bedömer fakta, skymtar och känner igen ett upplyst sinne arbetet med skapande allmakt, vars dygd agiterades av den mäktiga "Fiat" som uttalades för miljarder år sedan av skaparen Ande. Med en gest av kärlek skapades ett material som är fullt av energi. Det verkar verkligen som att dagens vetenskap, som plötsligt går tillbaka miljontals århundraden, har lyckats vittna om den bibliska "Fiat lux", när ett hav av ljus och strålning bröt ut från

> ingenstans. Samtidigt splittrades de kemiska elementens partiklar isär och återförenades till miljontals galaxer." (Pius XII)

Big Bang-teorin innehöll teologiska implikationer som den förkastades och motarbetades för, ibland bara för att kyrkan stödde den. Vissa kända fysiker förde fram hypotesen att denna teori var en del av en konspiration som kläckts av kyrkan själv. Astronomen Fred Hoyle fördömde Big Bang och kallade den en modell byggd på judisk-kristen grund och formulerade den alternativa hypotesen om det stationära universum, där skapandet av ny materia sker kontinuerligt; denna teori har dock övergivits under en tid eftersom den skulle ha förutspått födelsen av rörliga galaxer bland de redan existerande, vilket inte har verifierats. Det finns faktiskt inga unga galaxer mellan de gamla. De yngsta galaxerna, d.v.s. födda tidigare, är de mest avlägsna i enlighet med universums expansion som fortsätter efter en första kreativ handling.

Idag accepteras Big Bang-teorin av den absoluta majoriteten av det vetenskapliga samfundet, utan att detta uppenbarligen accepterar tanken att det initiala kreativa ögonblicket härrörde från en gudomlig vilja.

Figur 27- Niels Bohr, dansk fysiker initiativtagare till Köpenhamnsskolan. Åren efter 1920 fulländade han den klassiska modellen av atomen och tilldelades Nobelpriset 1922.

Atomen och dess klassiska representation.

Atomen (av grekiskan àtomos, odelbar) är en grundstruktur av materien; all materia är uppbyggd av elementära enheter som kallas atomer. Detta gäller materia i fast, flytande och gasformigt tillstånd. Det bör noteras att detta uttalande är svårt att koppla till plasmatillståndet, där de särskilt höga värdena för tryck och temperatur förhindrar bildandet av atomer. Atomen ansågs vara den minsta och odelbara enheten av materia tills Joseph Thompson 1897 tillkännagav upptäckten av elektronen, vilket visade att atomen faktiskt är delbar.

Idag vet vi att atomer i en ytlig division bildas av subatomära element som protoner (med positiv laddning), neutroner (utan laddning) och elektroner (med negativ laddning). Atomer bildar molekyler genom att aggregeras på högre nivåer.

Den sista klassiska modellen av atomens struktur är den som utarbetades 1913 av Niels Bohr, fortfarande giltig utan väsentliga variationer.

Enligt denna modell består atomen av en kärna, runt vilken elektronerna roterar. Kärnan består av två typer av partiklar, protoner och neutroner. Protoner har en positiv elektrisk laddning, medan neutroner har en neutral elektrisk laddning. Elektronerna, å andra sidan, har en negativ elektrisk laddning och rör sig i det yttre utrymmet som omger kärnan och balanserar dess attraktion med rotationsenergin, precis som månens rotation balanserar jordens attraktion. Sammantaget är atomen elektriskt neutral eftersom antalet protoner (atomnummer) och elektroner är detsamma. I naturen skiljer sig atomer från varandra genom antalet protoner som finns i kärnan: summan av protoner och neutroner kallas masstalet.

För närvarande är studiet av atomkärnan och dess komponenter kopplat till utvecklingen av partikelfysik. På senare år har det varit möjligt att definiera atomkärnans struktur mer exakt, särskilt med de experiment som utförts i partikelacceleratorer. Enligt standardmodellen för partiklar är protoner och neutroner själva uppbyggda av kvarkar.

För att få en uppfattning om storleken på en atom kan dessa jämförelser vara till hjälp:

- diametern på ett människohår motsvarar cirka en miljon kolatomer ordnade i rad;
- om en apelsin blev lika stor som planeten jorden (cirka 12 700 km i diameter) skulle dess atomer vara ungefär lika stora som den ursprungliga apelsinen (ca 10 cm i diameter).

Det är också viktigt att notera att atomen är i huvudsak tom. Faktum är att om en atoms kärna hade en diameter på 3-4 millimeter, skulle dess yttersta elektron rotera på ett avstånd av cirka hundra meter.

Den statiska representationen av den just exponerade atomen är en giltig arbetshypotes men kvantfysiken visar att det på subatomär nivå finns fler sannolikheter än säkerheter. En säkerhet som förvisso har avfärdats är den enligt vilken partiklarna är "små bitar av materia", även om de är mycket små. Inget mer tveksamt.

Kvantfysik.

Kvantfysik är teorin som beskriver beteendet hos materia och strålning, såväl som deras ömsesidiga interaktioner, i atomernas mycket små längd- eller energiskalor.

I slutet av 1800-talet verkade den klassiska fysiken inte kunna beskriva beteendet hos materia och elektromagnetisk strålning på mikroskopisk nivå, det vill säga vid dimensioner lika med eller mindre än en atoms. På samma sätt kunde han inte beskriva beteendet hos energierna relaterade till atomernas inre bindningar. Därför blev det i början av 1900-talet uppenbart att födelsen av en ny fysik var nödvändig, helt annorlunda än den klassiska som utvecklats fram till dess.

Så föddes kvantteorin, även kallad kvantfysik eller kvantmekanik. Denna gren av fysiken introducerades från början av Max Planck och bygger på det faktum att vissa storheter på mikroskopisk nivå, som energi eller "vinkelmomentum", inte kan variera linjärt, utan endast genom diskreta värden, kallade "kvanta".

Förutom de partiklar som utgör atomens huvudkomponenter, det vill säga protoner, neutroner och elektroner, finns det många andra, och man kan nästan säga att nya upptäcks varje dag. En partikel som särskilt intresserar oss är fotonen, det vill säga "ljuskvantumet". Fotonen är partikeln som får stjärnorna att lysa och solen lysa.

Begreppet "hur mycket" är ganska märkligt och accepterades knappast av 1800- och 1900-talets forskare.

På vår makroskopiska nivå anser vi att konceptet att alla storheter kan anta en kontinuerlig uppsättning värden är naturligt. Till exempel tar vi förutom kilot även hänsyn till kvinttalet och ton, samt hektogrammet, grammet, milligrammet och så vidare, så det blir naturligt att ett föremål kan väga till exempel 7 kilo och 356 gram , dvs 7365 gram.

Kvantmekaniken, å andra sidan, föreskriver att de olika kvantiteterna bara kan anta en specifik uppsättning värden, multiplar av ett fundamentalt värde som inte kan brytas ner. Detta värde kallas "materia- eller energikvantum".

Föreställ dig en stormarknad där du kan köpa lös frukt eller hundra grams "paket" smör. Det blir lätt för dig att lägga 1 365 kilo äpplen i din varukorg, medan du istället, när det gäller smör, bara kan köpa 100 eller 200 eller 300 gram, beroende på antalet förpackningar du lägger i din varukorg. Partiklarnas värld förutser att energi och materia inte är tillgängliga i bulk utan endast i form av paket, som dock kallas kvanta.

Därför, i en värld av partiklar, kan energi och materia inte reduceras till värden lägre än "kvantum". Det betyder att de bara är tillgängliga i basvärdet, eller som multiplar av basvärdet. Som lätt förstås har kvantumet ett extremt lågt värde.

Allt i universum består av kvanta, även boken du läser. Anledningen till att du inte känner dess "granularitet" vid beröring är att kvantorna är så små att våra sinnen inte kan uppfatta dem, precis som vi inte uppfattar enskilda atomer eller ens enskilda molekyler distinkt.

Ett av de första fallen som studeras är kvantiseringen av energi: till exempel kan elektronerna i en atom bara ha vissa energivärden, därför kan de rotera runt kärnan endast i vissa banor. På liknande sätt är fotoner det elektromagnetiska fältets kvanta: de är odelbara ljuspaket.

Figur 28 - Albert Einstein, förmodligen vår tids mest kända fysiker och matematiker. Han bestred Niels Bohrs och Köpenhamnsskolans kvantteorier genom att designa EPR-

experimentet för att visa deras inkonsekvenser. Efterföljande forskningsevolutioner ledde istället till att de bekräftades.

Den kvantiserade atomen.

Begreppet "kvantum" är mycket viktigt för materiens funktion i det extremt lilla, det vill säga i atomer, men följaktligen också i hela universum. För att bättre förstå det kan jag föreslå en likhet med vissa enheter som vanligtvis används i det dagliga livet. Låt oss till exempel föreställa oss en traditionell gasspis, utrustad med brännare arrangerade på en nivå och en inbyggd ugn. Kökskontrollerna är uppradade på en frontpanel och består av justerbara vred som gör att du kan skicka gasen till respektive brännare.

De flesta rattarna kan vridas linjärt från vänster till höger. Vredet blockerar tillförseln av gas när den vrids helt åt vänster. Genom att vrida ratten åt höger skickas gasen till brännaren i ökande mängd, tills den når "gränsen", det vill säga det högsta tillåtna. Låt oss säga att vredet tillåter en linjär (eller kontinuerlig) ökning av mängden gas.

En av vredarna, speciellt ugnsvredet, fungerar dock annorlunda. Denna ratt kan inte rotera kontinuerligt, bara i ryck. På detta sätt tillåter den gasflödet i bestämda mängder, lämpligt för att erhålla den värme som signaleras i överensstämmelse med varje skott med värden uttryckta i Celsius: 120 °C, 180 °C, 270 °C eller liknande värden. I det här fallet kan gasen inte öka kontinuerligt, utan på ett "diskret" sätt: det vill säga endast för fasta och bestämda kvantiteter.

Om vi ska vara exakta måste vi erkänna att de andra rattarna också fungerar i ett "diskret" läge, inte kontinuerligt. Problemet är att variationerna mellan en punkt och en annan är så små att de för oss ger intryck av en linjär ökning eller minskning. Enkelt uttryckt misslyckas våra sinnen att fånga variationsklicken, eftersom de är för små.

I mitten av materiens dimensioner, där vi bor och våra sinnen verkar, tycks allting öka (eller minska) på ett linjärt sätt. Ljusspridningen i gryningen eller skymningen, ljudet av en bil som närmar sig eller rör sig iväg, en fluga som surrar omkring oss. Vi skulle säga allt om den flugan, men vi skulle absolut inte säga att den flyger ryckigt.

Detta ger oss återigen måttet på hur vilseledande våra sinnen är eftersom ingenting rör sig i verkligheten på ett linjärt sätt utan allt gör det på ett diskret sätt, det vill säga genom mängder av energi, eller "kvanta".

Skillnaden mellan vår makroskopiska nivå och den mikroskopiska nivån av partiklar är att vi approximerar rörelser och energier genom att betrakta dem som linjära.

I grund och botten, enligt en konvention som används inom fysiken, kan en materiell kropp på makroskopisk nivå studeras som en kontinuerlig kropp, eftersom det mycket höga antalet, sammanhållningen och det ömsesidiga beroendet mellan partiklarna gör att eventuell granularitet försvinner.

Istället är det i det oändligt lilla inte längre möjligt att ignorera denna egenskap eftersom dimensionerna hos subatomära kroppar är känsliga för kvantgranularitet.

Sammanfattningsvis, inom kvantmekaniken är kvantumet (från latinets kvantum som betyder kvantitet) en diskret och odelbar storhet. I förlängningen används termen ibland som en synonym för "partikel".

Kvantmekaniken initierades främst av Niels Bohr, Louis-Victor de Broglie, Paul Dirac, Albert Einstein, Enrico Fermi, Wolfgang Pauli, Erwin Schrödinger, Richard Feynman och Werner Heisenberg.

Intuitionen av kvantisering av materia föddes 1900 från arbetet av Max Planck, som antog denna konvention för att bekräfta hans teori om den elektromagnetiska emissionen av den svarta kroppen. I praktiken noterade Planck att hans svartkroppshypotes bara skulle fungera i närvaro av kvantiserad energi. Planck var dock mycket ovillig att betrakta denna möjlighet som verklig. Även om han var den första som teoretiserade denna verklighet, kämpade han alltid för att anse den som giltig.

Denna fysiska verklighet bekräftades först senare av andra forskare, som bestämde värdet av energikvantumet. Detta värde tog namnet av Plancks konstant, eftersom det vetenskapliga samfundet ärligt ville erkänna arbetet av dem som först hade intuerat och använt det.

Plancks konstant, eller storleken på "kvantet", betecknas med bokstaven h och är $6,6 \times 10^{-34}$Js, alltså ett ofattbart litet värde.

Hypotesen om den granulära strukturen av mekanisk energi fann fullständig och definitiv bekräftelse i teorin om den specifika värmen hos fasta ämnen som formulerades 1907 av Einstein..

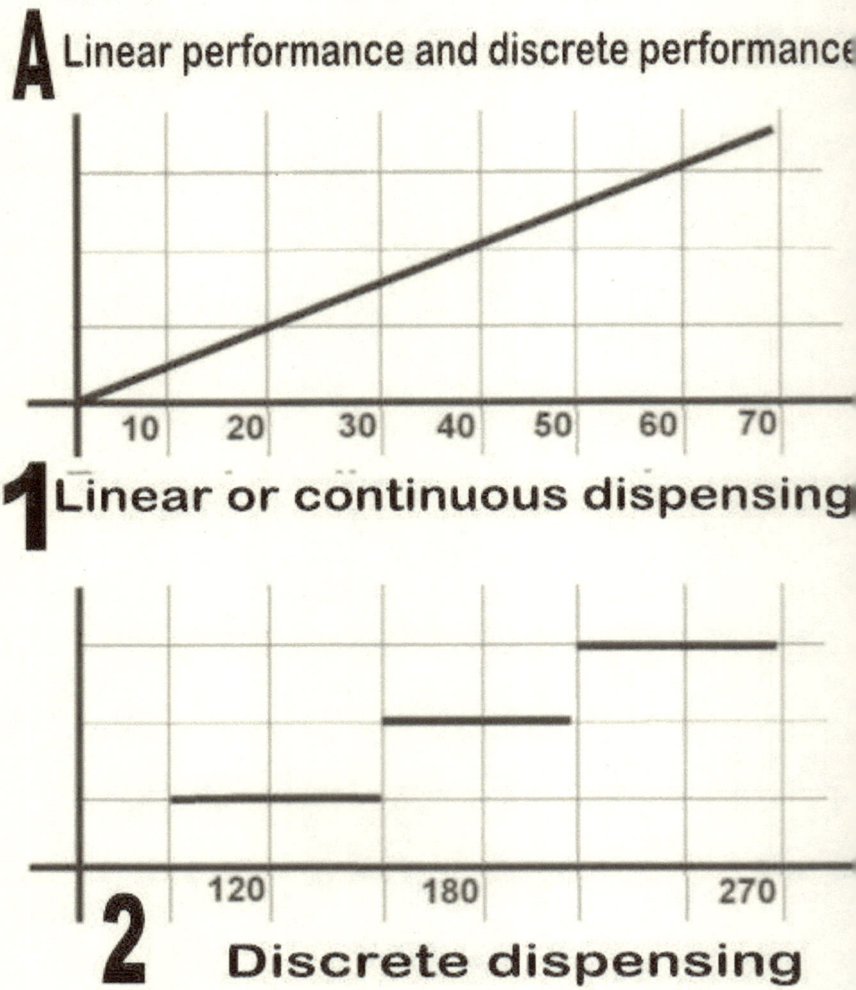

Bild 29
En linjär trend och diskret trend.
1 Linjär eller kontinuerlig leverans.
2 Leverans med diskreta värden

- *Den linjära trenden antar ett (nästan) oändligt antal mellannivåer. Den diskreta trenden, å andra sidan, förutser endast ett fåtal planerade höjningar*

.

"Quantum Leap".

Med hänvisning till den traditionella representationen av atomen, det vill säga en kärna omgiven av elektroner som roterar runt den, kan vi gå ett steg längre för att förstå en aspekt kopplad till dess funktion som kallas kvantsprånget.

Först och främst bör det noteras att elektroner inte kan rotera i en anarkisk regim, utan måste följa vissa regler. Den första regeln är Pauli Exclusion Principle, som gäller "fermioner", en klass av partiklar som inkluderar protoner, neutroner och elektroner.

Denna princip utgår från konceptet att det runt en atom bara finns ett fåtal "tillåtna zoner", och att två identiska fermioner inte samtidigt kan ockupera samma zon (eller kvanttillstånd).

Därför kan en bana upptas av maximalt två elektroner, förutsatt att de har motsatta "snurr".

Det andra villkoret är att varje bana inte kan vara slumpmässigt avlägsen från kärnan.

Enligt den av Niels Bohr föreslagna atommodellen roterar elektronen runt kärnan i en cirkulär bana; varje elektron, som har en negativ laddning, motsvarar en mycket exakt bana, eftersom den måste röra sig med en hastighet som är tillräcklig för att motverka den attraktionskraft som den positivt laddade kärnan utövar på den. Rotationen förhindrar att elektronerna sugs in i kärnan, men måste ske med en energi som är proportionell mot deras avstånd.

Ju längre en elektron är från sin kärna, desto mer energi behöver den. Men det måste vara en välbalanserad energi. Rätt mängd energi måste förhindra att elektronen faller in i kärnan eller omvänt kastas utanför atomens influenszon.

Eftersom vi vet att energi på elektronnivå mäts i kvantum, kan banor bara vara på avståndet av ett kvant, eller multiplar av ett kvant.

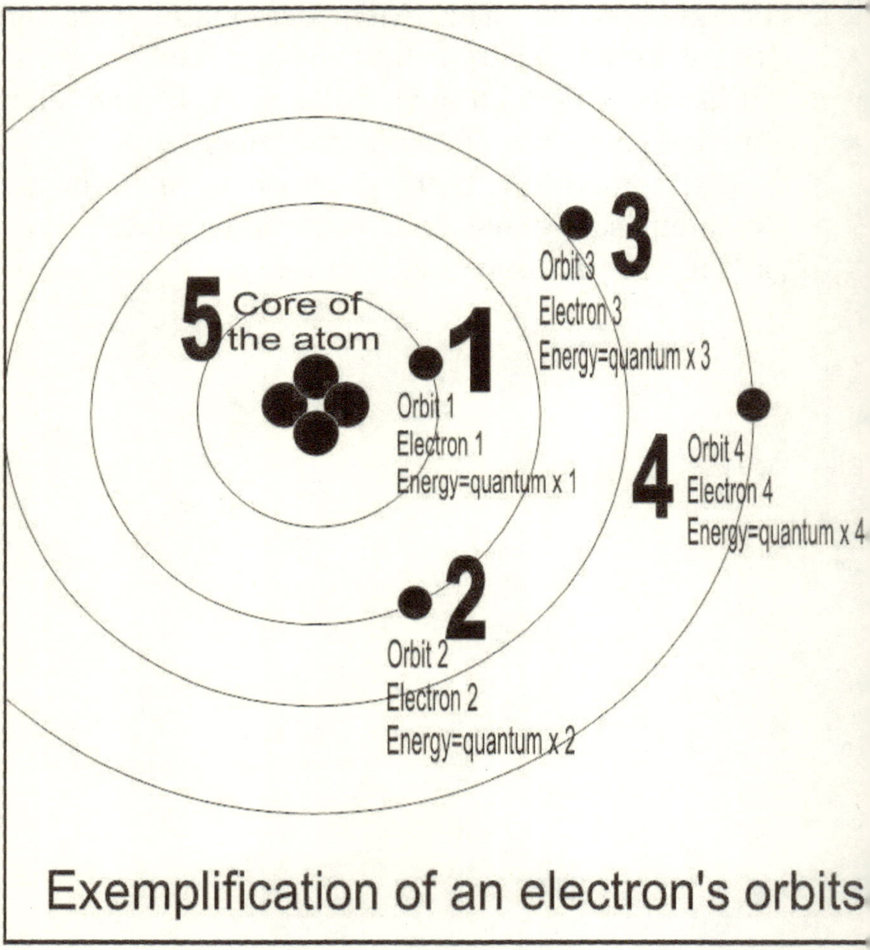

Figur 30 - Exempel på en atom med fyra elektroner och fyra protoner. Varje elektron roterar i en distinkt bana och har en mängd energi som kan mätas i kvanta.

1 Elektronen på bana 1 har 1 kvant energi.
2 Elektronen på bana 2 har 2 energikvanta.
3 Elektronen på bana 3 har 3 energikvanta.
4 Elektronen på bana 4 har 4 energikvanta.
5 Atomkärnan.

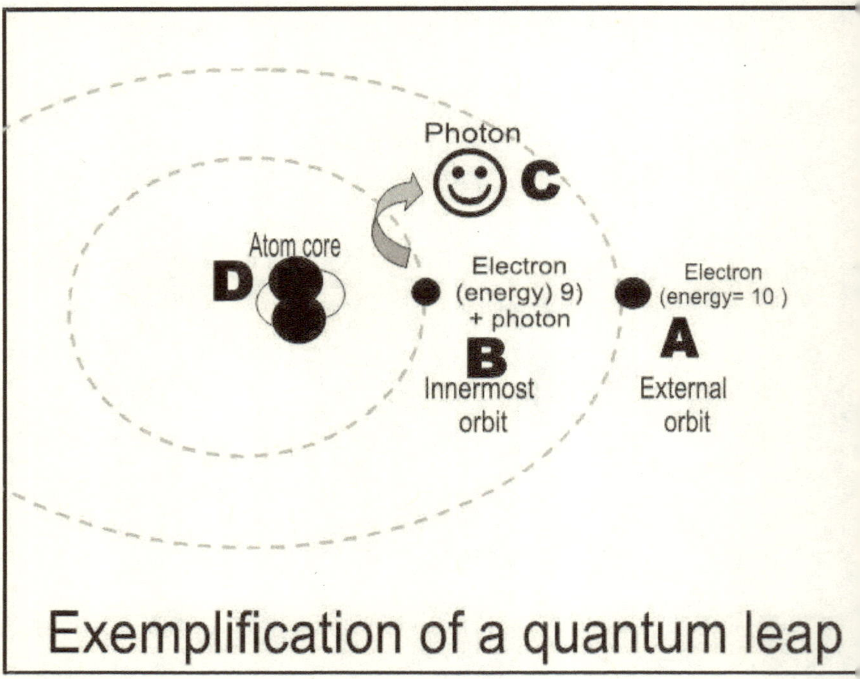

Figur 31 - Exempel på ett kvantsprång.

A. Elektronen A placerad på en extern bana har en energi på tio kvant.

B. Elektronen hoppar till en inre bana. Här behöver den mindre energi (9 kvanta) så den frigör ett kvantum.

C. Det frigjorda kvantumet blir en foton.

D. Atomens kärna.

Ingen elektron kommer någonsin att rotera i en bana som kräver ett annat energivärde än ett kvantum eller en multipel därav.

Därför, mellan en elektron som roterar på en intern bana (låt oss kalla den E-Inner) och en annan som roterar på en mer extern bana (låt oss kalla den E-External) finns det en energiskillnad: E-External behöver mer energi än E -inre.

Som exempel kan vi säga att om den inre elektronen behöver ett energikvantum, kräver den externa elektronen två för att hålla sig i sin bana. Det kan inte finnas banor som kräver ett och ett halvt kvantum, eftersom kvantumet är minsta möjliga storlek.

Mitt i så mycket ordning måste vi tänka på att elektroner är ganska oregerliga och ibland, av skäl som bara är kända för dem, gillar att hoppa från en yttre till en inre bana. Således, om en elektron som har två energikvanter, ville hoppa in i en inre bana (som bara skulle kräva en energikvanta), skulle den behöva ge upp en av sina kvanta. Vad händer med denna frigjorda energi? Det tar formen av en foton då elektronen utför vad som kallas ett "kvantsprång".

Figur 31 representerar ett "kvantsprång". Vid punkt A har elektronen, placerad på vilken bana som helst, en energi lika med tio kvanta (exempelvärde). Vid punkt B har elektronen hoppat till en inre bana. Nu är energin som krävs lika med nio kvanta. Det kvantum som inte längre behövs har överförts i form av en foton: det vill säga det har blivit ett ljuskvantum.

Som vi ska se senare har fysiker utnyttjat denna egenskap genom att stimulera elektroner att göra ett dubbelt kvanthopp för att producera tvillingfotoner, eller korrelerade fotoner; att studera deras beteende har lett till upptäckten av fenomenet som kallas kvantentanglement.

Våg-partikeldualiteten.

Det grundläggande kännetecknet för kvantfysiken är att kunna representera en strålning eller en materia både i form av ett vågfenomen och i form av en partikelenhet. Detta i motsats till klassisk fysik där till exempel ljus beskrivs uteslutande som en våg och elektronen uteslutande som en partikel.

Denna helt oväntade egenskap kallas våg-partikeldualitet. Att inte ha övervägt det var orsaken till misslyckandet av alla klassiska teorier som tidigare utvecklats om atomens funktion. En nyckelfunktion i kvantfysiken är komplementaritetsprincipen, enligt vilken de två aspekterna, våg och partikel, inte kan observeras samtidigt under samma experiment. Detta koncept formaliserades i Heisenbergs osäkerhetsprincip. Heisenberg slår fast att det inte är möjligt att samtidigt och med extrem precision mäta de egenskaper som definierar tillståndet hos en elementarpartikel. Om vi till exempel kunde bestämma dess position med absolut precision, skulle vi ha maximal osäkerhet om dess hastighet.

Kvantfysikens tillkomst orsakade förvirring och kaos i det vetenskapliga samfundet som såg grunderna för sin uppfattning om världen ifrågasatta och revolutionerade.

Einstein själv, när han blev medveten om kvantfysikens nya verklighet, kallade det "en olycksbådande handling på avstånd".

Som rapporterats i boken "Albert Einstein Scientist and Philosopher", skrev Einstein i sin dagbok enligt följande:

> "Alla mina försök att anpassa fysikens teoretiska grunder till dessa antaganden misslyckades. Det var som om vi hade tappat marken under fötterna, och det fanns ingenstans i sikte en fast punkt att bygga på”.

Kvantfysikens upptäckter krävde ett återbesök av grundläggande begrepp som materia, tid, rum och orsak och verkan, allt väsentligt för att förstå världen som vi uppfattar den. Behovet av att modifiera dem orsakade säkert djupa kulturkriser i det vetenskapliga samfundet. Än idag är det inte möjligt att helt definiera vad den exakta visionen av den fysiska verkligheten är, om inte genom att undersöka den separat på olika nivåer: den för medeldimensionerna, det vill säga vår känsliga nivå, och den för de subatomära dimensionerna.

Dubbelslitsexperimentet.

Den moderna fysikens prestationer har provocerat en betydande förändring i vår vetenskapliga bild av världen: de har skakat om naturlagarnas absoluta giltighet och omvandlat den till en relativ giltighet. Naturlagar är statistiska sanningar, det vill säga de är så att säga helt giltiga endast när det handlar om makrofysiska storheter. Inom sfären av minimala kvantiteter blir det däremot osäkert och omöjligt att förutsäga vad som kommer att hända, eftersom mycket små kvantiteter inte längre beter sig i enlighet med kända naturlagar.
(Carl Gustav Jung)

Ett av de mest kända experimenten inom kvantfysik (förmodligen det mest kända någonsin) kommer att hjälpa oss att bättre förstå elementarpartiklarnas natur. Experimentet baserar sin betydelse på dess gamla ursprung: den första versionen gjordes för över två århundraden sedan, 1801, av Thomas Young. Därefter behöll experimentet sin värdighet vilket gjorde det aktuellt i många efterföljande re-propositioner, uppdaterat eftersom tekniken gjorde fler aktuella versioner möjliga. Det representerar för närvarande en av huvudnycklarna till att förstå kvantfysik och relaterade fenomen, inklusive intrassling. Jag kommer därför att försöka illustrera detta experiment för att göra det lätt assimilerbart för icke-specialistläsare och undvika matematiska formler.

Experimentet är inte begreppsmässigt komplicerat och jag kommer att föreslå ett exempel som jag tror kan förstås av alla som som pojke tyckte om att kasta sten på mål av alla slag, eller kasta dem i vattnet för att se de typiska koncentriska cirklarna.

Räck upp handen som aldrig har kastat en sten. Låt den som har kastat sten, även om han inte längre är ung, göra sig redo att kasta mer, .

Spelet består i att sätta en rejäl barriär framför oss, där vi kommer att ha gjort ett hål eller en slits. Sprickan är tillräckligt stor för att en sten som kastas i dess riktning ska kunna passera igenom. Strax bakom barriären placerar vi en mycket tunn plåt. I det här exemplet, när en sten passerar genom hålet, träffar den plåten och gör bucklor i den, vilket lämnar märket av stöten.

Figur 32 Thomas Young (Milverton, 13 juni 1773 - London, 10 maj 1829) var en brittisk vetenskapsman, känd för sin forskning om ljus och fasta ämnens mekanik, och för sina bidrag till fysiologi och egyptologi.

Figur 33. Werner Karl Heisenberg (Würzburg, 5 december 1901 – München, 1 februari 1976) var en tysk fysiker. Han var en

av kvantmekanikens huvudarkitekter, känd för att ha förklarat osäkerhetsprincipen 1927. Han fick Nobelpriset i fysik 1932.

Vid det här laget kan experimentet utföras, som visas i figur 34. Låt oss stå några meter bort och kasta så många stenar vi vill för att försöka få dem att passera genom springan. Vi kommer bara att överväga stenarna som passerar genom sprickan och träffar mottagningsskärmen, och vi kommer att ignorera de som missar och avvisas av barriären.

Varje sten som träffar mottagarens skärm ger en enda buckla (fig. 34-1).

Om vi öppnar en andra slits i barriären (fig.34-2) kommer de framgångsrika uppskjutningarna att passera genom den ena eller andra slitsen och kommer att ge bucklor på mottagarskärmen i överensstämmelse med den korsade slitsen.

Sammanfattningsvis kan vi i denna del av experimentet förstå att barriären korsades av enstaka solida projektiler helt enkelt genom att observera bucklorna som produceras på mottagarskärmen. Vi kan nu gå vidare till den andra delen av vårt experiment. Vi kommer att sänka ned enheten, det vill säga barriären med slitsen och mottagarskärmen, i en behållare som innehåller vatten, så att slitsen är halvt nedsänkt, som i figur 35.

Den här gången kastar vi inte vår sten direkt mot sprickan, utan i vattnet en bit framför barriären. Stenen kommer att producera de typiska cirklar av vatten som vi alla känner; dessa kommer att fortplanta sig mot barriären, korsa slitsen och dyka upp igen på motsatt sida och bilda nya fortplantningsvågor som kommer att blockeras av den mottagande skärmen..

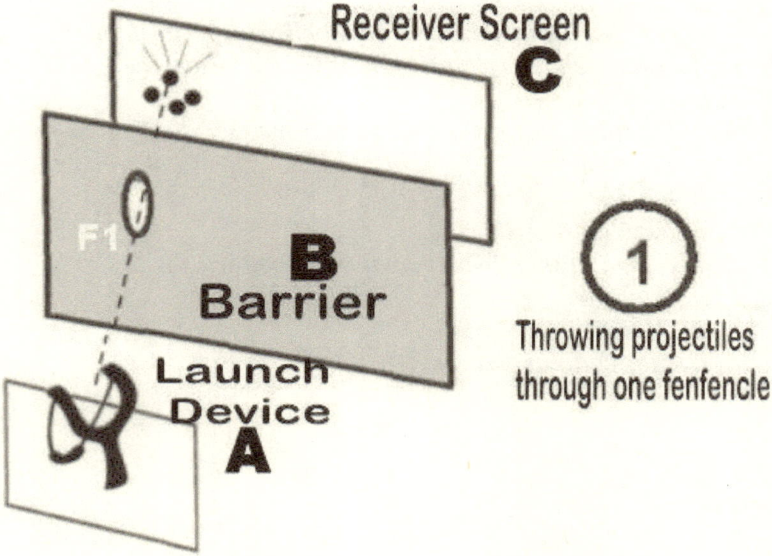
Receiver Screen
C
F1
B
Barrier
Launch
Device
A
1
Throwing projectiles
through one fenfencle

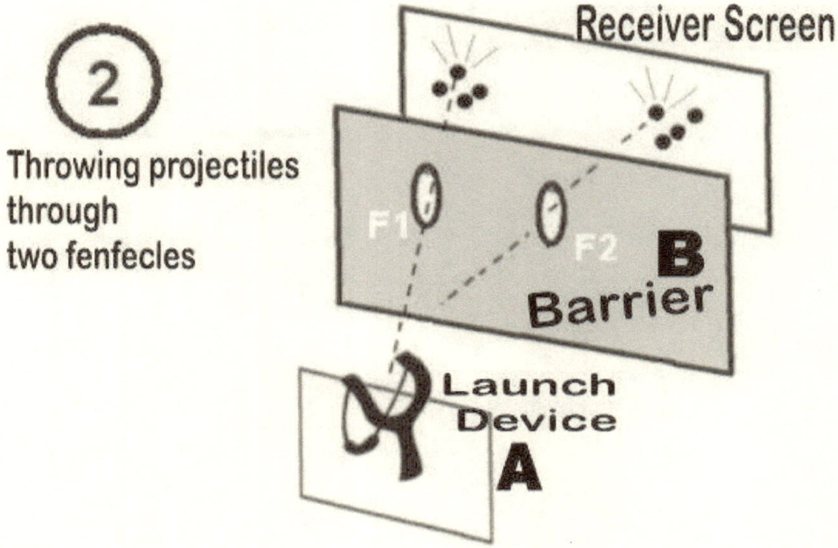
2
Throwing projectiles
through
two fenfecles
Receiver Screen
F1
F2
B
Barrier
Launch
Device
A

Figur 34 - Simulering av dubbelslitsexperimentet. 1) Kasta projektiler genom en spricka. 2) Kasta projektiler genom två slitsar.

1) Kastning sker genom en barriär med en spricka.
A. Launcher
B. barriär
C. Mottagarens skärm
2) Kastning sker genom en barriär med två slitsar.
A. Launcher
B. Barriär
C. Mottagarens skärm.

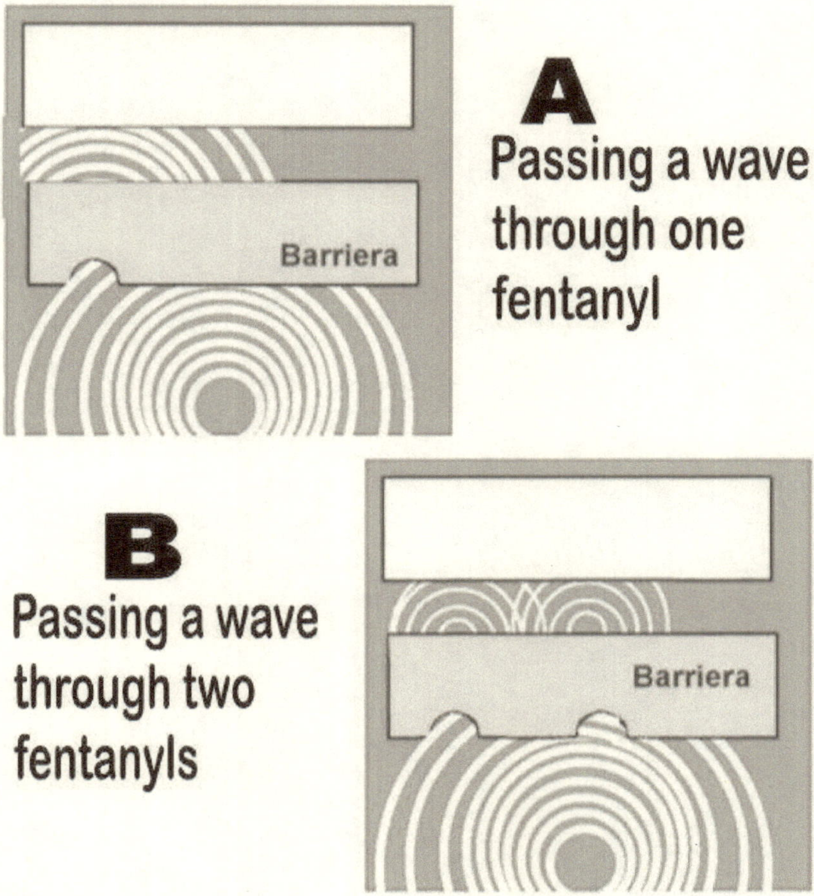

Figur 35 - Vågen passerar genom två slitsar och producerar två halvvågor som, när de skär varandra, adderas.

A) Passage av vattenvågen genom en slits.

B) Superpositionseffekt som uppstår när vågen korsar två slitsar.

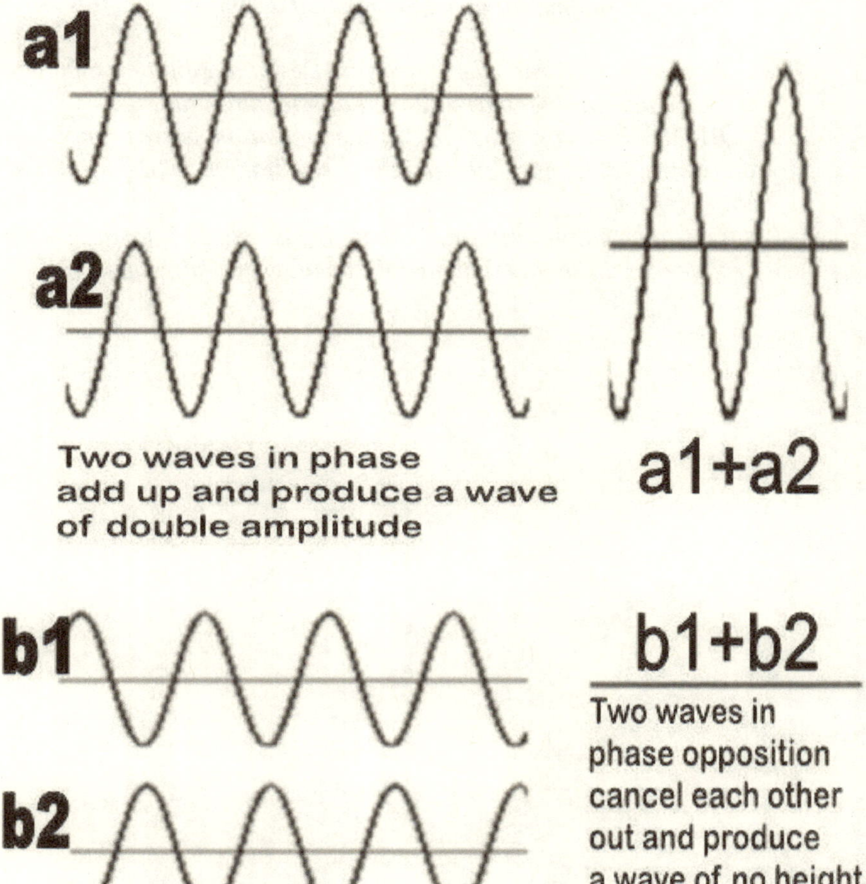

Two waves with other phase and frequency ratios produce waves equal to their algebraic sum

Figur 36 - Summan av vågor med olika amplituder, frekvenser och faser

A) De två vågorna a1-a2 är i fas. Deras amplituder summerar och producerar vågen a1+a2 med dubbel amplitud.

B) De två vågorna b1-b2 är i fasopposition. Deras amplituder summerar och ger ett negativt resultat, b1+b2-vågen med nollamplitud.

Om två vågor inte är exakt i fas eller i fasopposition, producerar de en våg lika med deras algebraiska summa.

Låt oss nu föreställa oss att vi öppnar en andra slits och kastar ytterligare en sten, som i figur 35.

Cirklarna av vatten som skapas av den enda stenen, breder ut sig framför barriären, kommer att korsa båda sprickorna. Att dyka upp på baksidan av tvåhålsbarriären kommer att producera två nya cirklar av vatten. Dessa cirklar, som fortfarande sprider sig, kommer att störa varandra och lägga ihop.

Av det som har sagts hittills kan vi dra några enkla slutsatser:

– Om vi skjuter upp projektiler mot tvåslitsbarriären går projektilerna genom den ena eller andra slitsen. Vi kan verifiera detta genom att titta på bucklorna på mottagarens skärm.

– Om vi kastar en sten i vattnet mot barriären med två skåror så producerar vi en grupp vattencirklar. Dessa cirklar passerar genom båda sprickorna och producerar två nya uppsättningar vattencirklar på baksidan av barriären. Dessa två grupper kommer att slås samman och producera ett interferensmönster.

Sålunda har vi sett skillnaden mellan att kasta en sten och att kasta en våg: kastade stenar skapas bucklor, medan kastande utbredningsvågor istället producerar interferensmönster.

När vetenskapen ville förstå om ljus är gjort av partiklar eller vågor, föreställde någon sig att kasta "ljusblixtar" mot en enhet som den som just beskrivits. Experimentet tenderade att verifiera vilka effekter som skulle produceras på mottagarskärmen, "bucklor" eller "störningar".

Thomas Young

Thomas Young var en brittisk vetenskapsman, välkänd för sin forskning om ljus och fasta ämnens mekanik, men också för sina bidrag till egyptologin. Han föddes i Milverton den 13 juni 1773 och dog i London 1829.

Han var den första av tio syskon i en kväkarfamilj. Han beskrivs som ett underbarn, och det var han verkligen. Faktum är att han redan vid två års ålder kunde läsa. Vid sex års ålder hade han redan behärskat latin och läst hela Bibeln två gånger. Han lärde sig snart andra språk och vid fjorton år kunde han, förutom grekiska, franska, italienska och hebreiska, och många orientaliska språk som kaldeiska, syriska, samaritanska, arabiska, persiska och turkiska.

Young tog examen i fysik 1796 i Göttingen, och 1799 började han arbeta som läkare i en praktik på Welbeck Street i London. En plakett på dörren firar det samarbetet än idag. Under tiden publicerade han sina uppsatser anonymt eftersom han fruktade återverkningar på sitt rykte som läkare.

1802 gick Young med i Council of the Royal Society, där han varit medlem sedan 1794.

Inom fysik är Young välkänd för sina arbeten inom optikområdet, eftersom han var författare till en forskning om våg-partikeldualism. Upptäckten av fenomenet störning i ljus måste också tillskrivas Youngs studier. Faktum är att 1801 utarbetade han experimentet med dubbla slitsar.

Kontroversen om ljusets natur började med Newton som trodde att det var korpuskulärt till sin natur. Senare ifrågasattes denna hypotes, så 1801 designade och genomförde Young sitt berömda experiment.

Han skickade ljusstrålar mot en barriär där två hål hade gjorts. På mottagarskärmen placerad bortom barriären fick han ett interferensmönster. Således drog Young slutsatsen att barriären hade passerats av vågor snarare än partiklar, och bekräftade ljusets vågnatur. Men är ljus verkligen en våg?

Utvecklingen av dubbelslitsexperimentet.

I början av 1900-talet började tvivel uppstå som introducerades av Plancks studier av svarta kroppar och på vissa aspekter som lyfts fram av Einstein i förhållande till fotonens beteende, som såg väldigt mycket ut som en partikel om den studerades i den fotoelektriska effekten .

1916 antog amerikanen Robert Millikan en hypotes om att fotonen fanns som en partikel, vilket senare bekräftades av upptäckten av Compton-effekten 1922. Detta skapade ett stort problem inom fysiken, eftersom ljus verkade ha en mystisk dualitet som fick det att synas. som en våg eller som en partikel i experiment av olika slag.

År 1924 formulerade den franske fysikern och matematikern Louis de Broglie hypotesen att inte bara fotoner, utan alla materiella kroppar, och särskilt alla partiklar, också hade vågornas typiska fysikaliska egenskaper. Denna hypotes fann snart experimentell bekräftelse och gav en grundläggande impuls till utvecklingen av kvantmekaniken. Det experimentella beviset för våg-partikeldualiteten erhölls 1927 av Clinton Davisson och Lester Germer, vid Bell Laboratories i Murray Hill, i delstaten New Jersey i USA. Dessa forskare avfyrade en elektronstråle mot en kristall av nickel och observerade diffraktionsmönster. Detta gjorde det möjligt att använda partikelstrålar för att utföra tvåslitsinterferensexperiment, precis som Young hade gjort.

Modern version av dubbelslitsexperimentet.

Dubbelslitsexperimentet utfördes först i modern form med elektroner 1961, av Claus Jönsson vid universitetet i Tübingen, Baden-Württemberg i Tyskland. Det upprepades sedan 1974 vid LAMEL Institute of the CNR i Bologna av Pier Giorgio Merli från LAMEL och av Gian Franco Missiroli och Giulio Pozzi, båda från fysikavdelningen vid universitetet i Bologna.

LAMEL-institutet hade ett toppmodernt mikroskop, ett Siemens Eliskop 101, som var kalibrerat och anpassat för att fungera i interferenselektronmikroskopi.

Mikroskopet användes både som en interferometer och som en elektronkälla som fick passera en i taget genom ett dubbelelektronprisma och sedan skickades mot en fotografisk platta.

Beskrivning av experimentet baserat på lanseringen av en enda foton.

Nu vill vi i detalj överväga experimentet i dess klassiska moderna version, baserat på användningen av enstaka fotoner eller ljuskvanta. Låt oss därför föreställa oss en anordning som kan sända ut enstaka fotoner en i taget, en barriär med en eller två slitsar och en skärm bakom den. Skärmen består av ett mörkrum med fotografisk film. Filmen kommer att "märkas" av fotonerna som träffar den, eftersom fotoner är lysande.

Enheten i enkelslitskonfigurationen visas i figur 37. Fotoner som avvisas av barriären beaktas inte; de som passerar genom slitsen markerar en prick på den fotografiska filmen, ett tydligt tecken på att de har betett sig som partiklar. Hittills inget extraordinärt; fotoner beter sig som våra stenar gjorde, och experimentet tyder på att fotoner är partiklar.

Figur 38 illustrerar lanseringen av en enda foton mot en barriär med två slitsar. Frågetecknet symboliserar frågan: vilken slits kommer fotonen att passera genom?

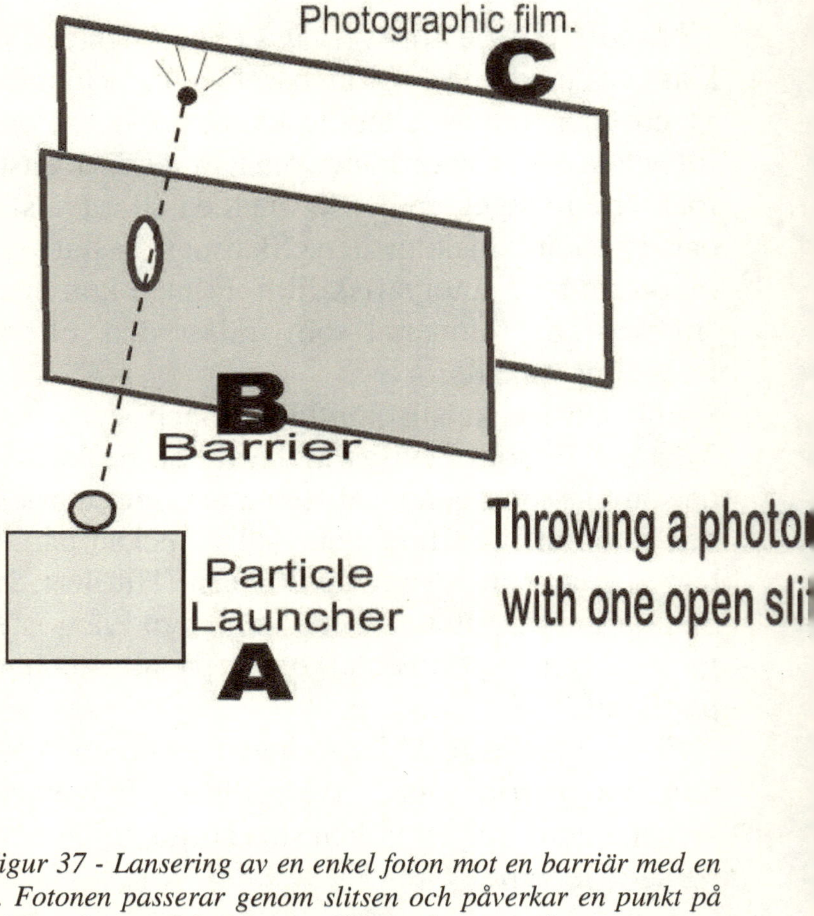

Figur 37 - Lansering av en enkel foton mot en barriär med en slits. Fotonen passerar genom slitsen och påverkar en punkt på den bakre fotografiska plattan. Således beter sig fotonen som en partikel.

A) Kastanordning.

B) Barriär med spricka.

C) Fotografisk film.

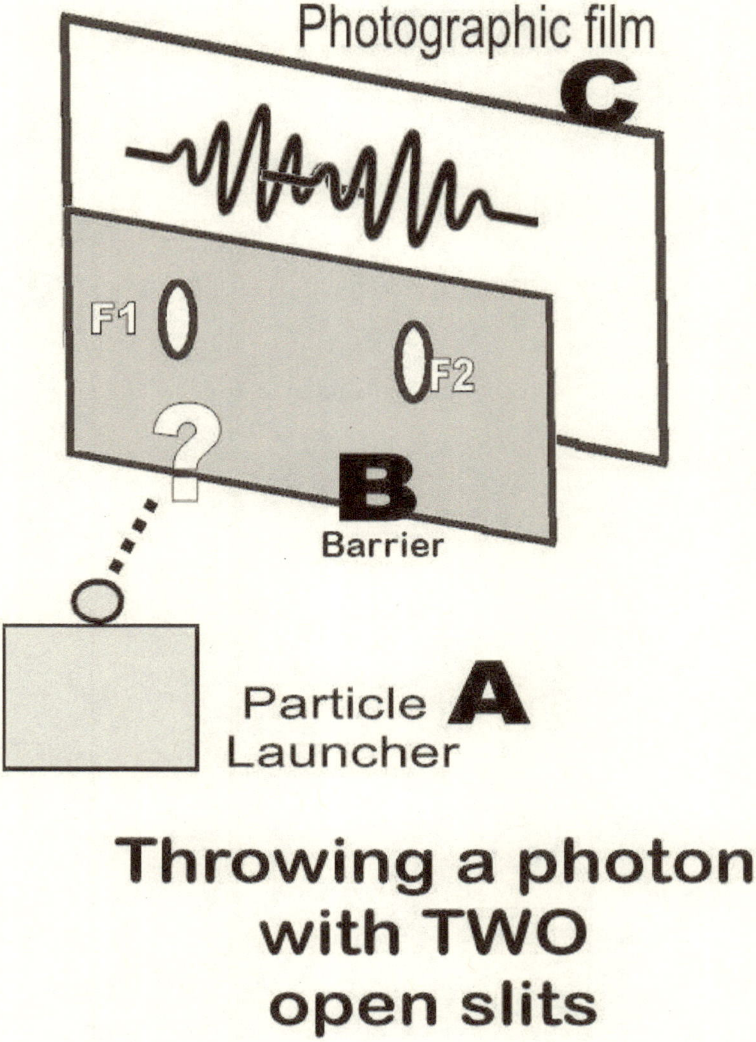

Figur 38 - Om vi skickade en enskild foton mot en barriär med två slitsar, skulle denna, som en partikel, passera genom endast en medan den istället, som en våg, skulle passera genom båda.

A) Kastanordning
B) Barriär med två slitsar
C) Fotografisk film.

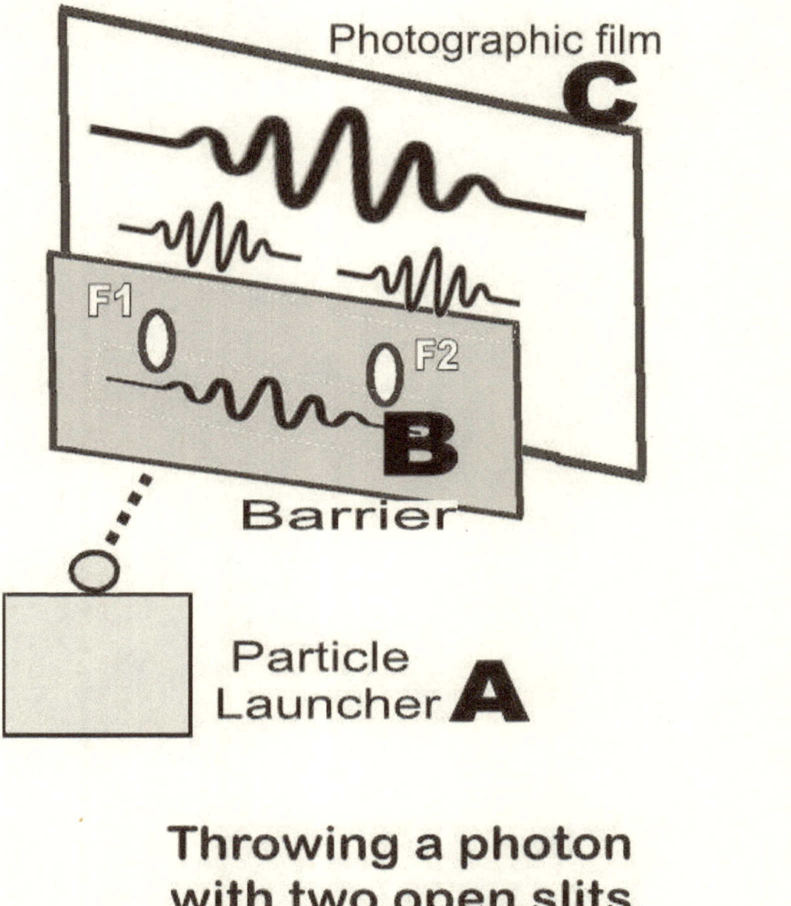

Figur 38 - Om vi skickade en enskild foton mot en barriär med två slitsar, skulle denna, som en partikel, passera genom endast en medan den istället, som en våg, skulle passera genom båda.
A) Kastanordning
B) Barriär med två slitsar

C) Fotografisk film.

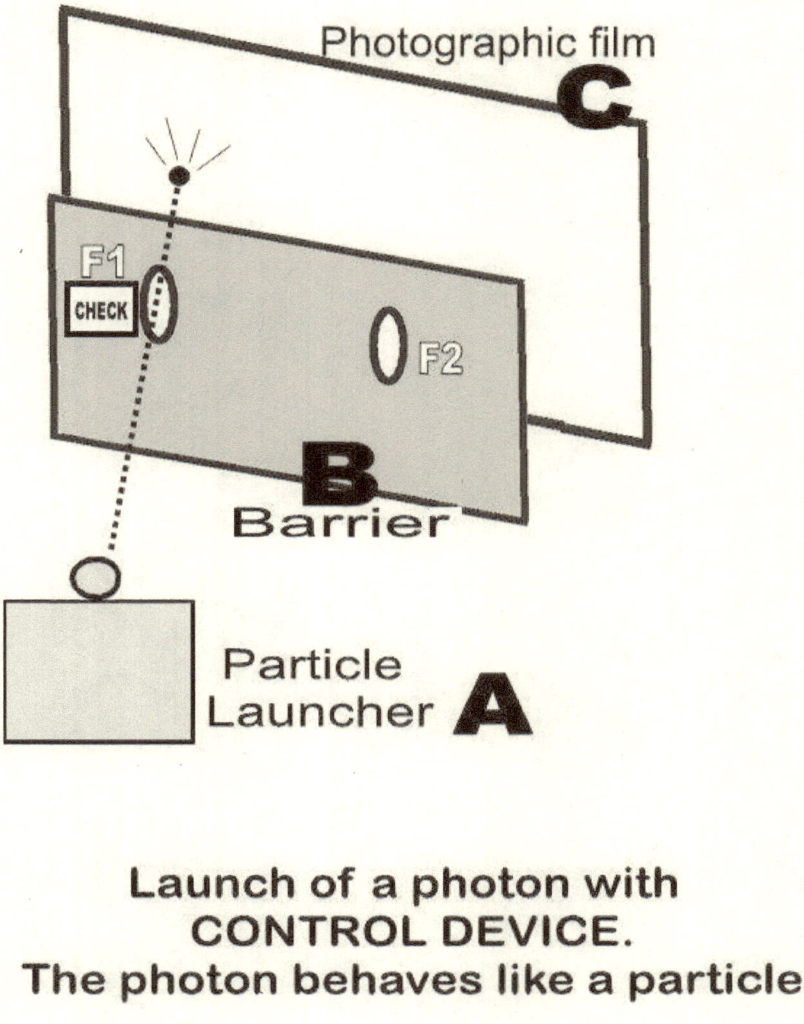

Figur 40 - Om vi kastar en foton mot en barriär med två slitsar, varav den ena är utrustad med en kontrollanordning för att verifiera passagen av fotoner, så väljer vår foton den kontrollerade slitsen och beter sig som en partikel.

A) Kastanordning

B) Barriär med spricka

C) Fotografisk film
KONTROLLERA) Kontrollera enheten.

Svaret är tydligt i figur 39: den enda fotonen gick igenom båda slitsarna.

Framför en enda slits beter sig fotonen som en partikel, medan den framför två slitsar beter sig som en våg och korsar dem båda.

I det första fallet ges återkopplingen av de individuella ljusa prickarna som visas på den fotografiska filmen. I det andra fallet visas mörka och ljusa staplar på detta, det vill säga störningstalet som ges av vågen som har korsat båda slitsarna och skapar två utgående vågor. Bortom barriären interfererar de två vågorna och adderas algebraiskt till varandra. De mörka eller ljusa staplarna representerar resultatet (fig. 39).

En första övervägande som kan göras är att fotoner (men inte bara, egenskapen är gemensam för alla elementarpartiklar) beter sig, beroende på fallet, som partiklar eller som vågor. Detta framgår av våra verktyg. Uppenbarligen är partiklar både partiklar och vågor på samma gång.

Detta gör det möjligt för en enda foton att passera genom båda slitsarna samtidigt.

Men överraskningarna är inte över än. Låt oss föreställa oss att försöksledaren bestämmer sig för att verifiera fotonens passage genom slitsen, utgående från principen att fotonen är en partikel och någonstans måste den passera.

Placera därför ett instrument strax utanför en av de två skårorna. (figur 40).

Jo, i det här fallet, det är när fotonens passage styrs av ett instrument, händer något otroligt, nästan som om fotonen vägrade att samarbeta. Även om det finns två öppna slitsar, passerar fotonen endast genom den som är utrustad med instrumentet och lämnar en prick på den bakre skärmen. Om båda slitsarna övervakas passerar den bara genom en medan den fortfarande beter sig som en partikel. Men om du tar fram verktygen går det tillbaka till att bete sig som en våg.

I praktiken utmanar fotonen experimenteraren genom att bevisa för honom att det är ett olösligt mysterium för honom.

Leon Max Lederman, amerikansk fysiker, skriver i sin bok "Quantum Physics for Poets" enligt följande:

> ”Det verkar som om en enstaka elektron, som genom ett magi, passerar genom de två slitsarna samtidigt om ingen observerar den, samtidigt som den väljer en möjlig väg om någon eller något tittar på den! Detta är möjligt eftersom elektroner varken är partiklar eller vågor: de är något annat, helt nytt. Partiklar är "kvanttillstånd".

Det måste sägas att experimentet, initialt begränsat till elementarpartiklar, då också utfördes på komplexa kroppar. Vid universitetet i Wien involverade Anton Zeilinger och hans kollegor "bucky balls" i experimentet. Dessa är molekyler som består av sextio eller fler kolatomer sammansatta för att bilda en struktur som liknar en geodetisk kupol; detta arrangemang gjordes berömt av den amerikanske arkitekten Richard Buckminster och uppkallades efter honom. Uppenbarligen blir en molekyl som består av sextio atomer en gigantisk struktur jämfört med en enda foton. Icke desto mindre, i dubbelslitsexperimentet, med användning av "bucky balls" istället för fotoner, erhölls samma resultat.

Med detta har det bevisats att en molekyl av materia kan producera vågfenomen som en partikel av energi. Också dessa materiens molekyler har därför gåvan att vara allestädes närvarande, det vill säga genom att passera genom båda slitsarna har de förmågan att befinna sig samtidigt på två olika platser.

Är närvaron på två olika ställen rimlig?

Kommer det att vara möjligt i framtiden att utföra experimentet på Kommer det att vara möjligt i framtiden att utföra experimentet på mer komplexa kroppar, sammansatta av miljarder molekyler, som en människokropp skulle kunna vara? I det här fallet skulle det finnas vetenskaplig bekräftelse på kontroversiella fenomen som dubblering, astral projektion, resor utanför kroppen eller bilokation, dvs alla upplevelser utanför kroppen, även kända under förkortningarna OBE och ibland OOBE (out of body) erfarenhet). De är alla upplevelser, vars tolkning förblir kontroversiell, där en person uppfattar att "gå ut" ur sin fysiska kropp, det vill säga att projicera sitt eget medvetande bortom kroppens gränser. Dessa erfarenheter tillhör fältet parapsykologiska discipliner, som inte erkänns av den vetenskapliga och akademiska världen, men finns i många kulturer, både västerländska och österländska.

Fenomenet bilokation har varit en del av den vediska och buddhistiska traditionen i många århundraden. Tydligen skulle denna kultur kunna överföra grunderna för filosofisk och andlig kunskap till ämnen med en speciell inställning för att genom en lång träning tillåta dem förmågan till dubbellokalisering.

Den välkände indiske filosofen Paramahansa Yogananda vittnar i sina böcker mycket detaljerat om episoder som också rör honom själv.

Robert Allan Monroe är en amerikansk författare, grundare 1978 av Institutet med samma namn "för forskning om mänskligt medvetande". I sin bok "Mina resor ut ur kroppen" beskriver han de orientaliska disciplinerna och rekommenderar förberedande tekniker för initiering i fenomenet bilokalisering.

Inom kristendomen finns många hagiografiska vittnesmål om bilokation rörande bland annat den helige Antonius av Padua, den helige Franciskus av Assisi, den helige Alphonsus Maria de' Liguori, den helige Josef av Cupertino, den helige Franciskus av Paola och den helige John Bosco.

Partiklarnas prekognitiva förmåga.

Från dubbelslitsexperimentet kan vi dra slutsatser som gör även de mest erfarna fysikerna häpna, och som förmodligen hänför sig mer till fysikens filosofi än till själva fysiken.

Låt oss för ett ögonblick föreställa oss att fotonen har sitt eget samvete och kan "bestämma" sitt beteende i de olika situationer den är inblandad i.

I praktiken frågar vi: när en foton skickas mot barriären, hur vet den om barriären kommer att ha en eller två öppna slitsar?

För i själva verket borde fotonen veta hur många slitsar det finns först efter att den har passerat barriären, men tydligen vet fotonen detta först. Faktum är att fotonen bestämmer sig för att möta barriären i form av en partikel eller i form av en våg, innan den har korsat den.

Inte bara; fotonen vet, innan den går genom ett hål, om detta övervakas av ett instrument för att verifiera dess passage. Fotonen vet vilket av de två hålen som övervakas av instrumentet innan den passerar genom det. I de mycket korta ögonblicken av dess existens mellan ögonblicket den lanseras och ögonblicket den möter barriären. fotonen får kunskap om vad som väntar den. Han vet om han kommer att hitta en spricka eller två, och om de övervakas eller inte.

Eftersom fotonen varken har ett sinne eller ett medvetande måste vi fråga varifrån kommer dess förmåga att "veta i förväg" vad som väntar den i dess omedelbara framtid. Den provokativa titeln på detta kapitel, om fotonens förkognitiva kapacitet, skulle antyda att dessa verkligen existerar.

Troligtvis Ja. Fotonen vet eftersom den tar emot kunskap, den är faktiskt en del av en universell visdom, en kunskap som förbinder hela kosmos. Fotonen vet eftersom hela kosmos vet, och denna kunskap har inga tids-, utrymmes- eller storleksbegränsningar.

Partikeln "vet inte innan", den vet för att den är en del av kunskapen.

Fotonen "vet" eftersom den är en del av en universell kosmisk kunskap placerad bortom varje gräns och bortom varje band som bestäms av materia. Hans kunskap är information och intelligens på den rena psykiska eller andliga nivån. Den enstaka fotonen, och alla andra partiklar i universum, "förutser inte framtiden", det är bara en del av det.

Då uppstår en annan fråga: varför besitter inte vi människor, som i grunden är gjorda av partiklar, samma kunskap?

Naturligtvis har alla partiklar som utgör vår kropp denna kunskap, var och en för sig; vi, betraktade som aggregatet av ett oändligt antal partiklar, borde ha en aggregerad kunskap, summan av kunskapen om alla våra partiklar.

Det är en stor skillnad mellan den enskilda partikeln och det aggregat av partiklar som vi är. För det första är partiklar medlemmar av universell kunskap utan någon medling. Partiklar är en direkt del av det. Istället påverkas vår kropp, som ett aggregat av partiklar, av kraftfulla mellanhänder som i själva verket blir separatorer.

Dessa negativa medlare har tillsammans namnet "jag". Vårt medvetande och vår personlighet utför funktionen som separatorer mot kosmisk kunskap. Även om partiklar är ödmjuka medlemmar som fogligt ansluter sig till denna kunskap, placerar vi oss själva i universums centrum: allt som omger oss, vad som händer omkring oss, minnen av det förflutna och framtidens förväntningar är absolut centrerade på vår personliga kosmos.

Detta gör oss avgjort inte följsamma och inte särskilt genomträngliga med avseende på en kunskap som inte alls är centrerad på oss själva.

Överväganden som liknar dessa väcker instinktivt det fruktansvärda ropet från Lucifer som kastades ut ur Guds närvaro: "Jag kommer inte att tjäna dig!". Kanske är vi själva de fallna änglarna, eftersom vi verkligen inte vill tjäna något annat än vårt ego och detta kastar oss in i en existentiell ensamhet som består av självjskhet och självreferensialitet.

På liknande sätt berättar den bibliska myten om Adam och Eva om en utvisning från Eden på grund av olydnad. Gud hade planterat en fruktträdgård som paret kunde dra full nytta av, med ett undantag:

> «Av varje träd i trädgården kommer du att kunna äta; men av trädet till kunskap om gott och ont skall du inte äta; ty den dag du äter av det kommer du säkert att dö."

Kunskapen om gott och ont förvandlar Adam och Eva till subjekt som kan döma, men denna förmåga är tyvärr befläckad av ambitionen att vilja likna Gud.

Trots detta finns det många aspekter som håller oss kopplade, om än svagt, till en "kosmisk kunskap". Även om denna kunskap har undanhållits oss, har vi smulor av medvetenhet om dess existens. Först och främst har vi en aning om en närvaro som är överlägsen oss själva, som vi inser och ibland känner behov av, som det kan vara för minnet av avlägsna eller försvunna föräldrar. Skuggan av en okänd förälder från vilken man kan känna sig kramad svävar mystiskt i våra tankar, den fascinerar oss.

Det är den känslan som många kallar "längtan efter Gud". Det är en nostalgi som kommer långväga ifrån, framkallad av händelser som ofta inte är en del av vår livserfarenhet; det är en nostalgi som bygger på minnen innan vår fysiska existens.

Sedan finns det de extrasensoriska förnimmelserna, det vill säga de ljusglimtar som ibland lyser upp och gör vägen som förenar oss med kosmisk kunskap praktisk. Vårt omedvetna lyckas knyta an till det kollektiva omedvetna och, om än slingrigt, flödar kunskapsblixtar från det universella medvetandet till vårt individuella medvetande. När detta händer "vet och ser" vi under några korta ögonblick de saker som vi, på grund av vårt tillstånd av slavar kedjade vid materia, normalt inte ser. .

Men vi finner den mest konkreta kopplingen till kosmos visdom i de synkroniteter som tränger ihop vår existens, ofta i vår likgiltighet. Trots att vi har sjunkit ner i vår avgrund av fallna änglar, sträcker sig en hand ut mot oss för att lyfta oss från gropen och vägleda oss mot en andlig och kulturell evolutionär återlösning. Synkroniteterna är ett bevis på att "Kunskapen" inte betraktar oss som evigt förbannade och ser i oss den där evangeliska förlorade sonen som vid sin återkomst inte blir avvisad av sin far utan välkomnas med glädje.

L'atomo e la sua rappresentazione più attuale

I den klassiska representationen av atomen har en elektron en väldefinierad mängd energi, som kan hålla den i en viss omloppsbana som därför tar namnet på banans energinivå. Följaktligen representerar omloppsbanan den väg som elektronen tar runt kärnan medan energinivån representerar mängden energi som är tillräcklig för att hålla den i den omloppsbanan.

Som vi har sett kan kvantmekaniken beskriva beteendet hos mycket små partiklar, såsom elektroner, och vi har också sett att den klassiska fysikens regler inte gäller dessa partiklar. I kvantvisionen har en ny, mer komplex atommodell introducerats, där vi inte längre talar om "Orbit" utan om "Orbital".

"Orbit" och "Orbital".

Kvantmekaniken har rikligt visat att det inte är möjligt att definiera en elektrons bana, därför är termen "Orbit" inte lämplig. Det är nödvändigt att överge begreppet omloppsbana som färdas av en elektron för att ersätta den med "Orbital", även definierad som "sannolikhetsmoln". Detta händer eftersom vi inte med säkerhet kan fastställa vilken position elektronen har inuti atomen vid ett givet ögonblick eller i följande ögonblick. Genom komplicerade matematiska funktioner är det möjligt att få information om elektronens position, men endast vad gäller sannolikheten för dess närvaro i ett visst utrymme runt kärnan (fig. 41).

Med andra ord, medan "Orbit" är en definierad bana, är "Orbital" en matematisk funktion som låter dig fastställa var det är mest sannolikt att hitta elektronen i utrymmet runt atomen.

Allt detta är en direkt följd av en grundläggande kvantmekanikprincip som den tyske fysikern Werner Heisenberg upptäckte "Osäkerhetsprincipen" eller "Heisenbergs princip", enligt vilken det inte är möjligt att samtidigt veta elektronens position och hastighet. Detta bekräftar det speciella med elementarpartiklars beteende jämfört med kroppar på en makroskopisk nivå, det vill säga på nivån av våra dimensioner och vår erfarenhet.

På vår nivå är det faktiskt möjligt att beräkna en stens bana och hastighet med extrem precision redan innan man kastar den, precis som himlakropparnas väg eller rymdsatelliternas resväg beräknas. På subatomär nivå blir dock denna förmåga omöjlig. Heisenbergs princip etablerar återigen den mystiska mångfalden av partikelbeteende.

När det gäller inte bara elektronen utan alla andra elementarpartiklar kan vi bara definiera ett visst område i rymden där partikeln kan finnas; det är just detta område av rymden som kallas "Orbital", och bestäms av den energi som partikeln besitter.

Vi kan föreställa oss "Orbital" som en kompromiss mellan repulsionen av de olika elektronerna från varandra och attraktionen som utövas av kärnan. Därför, ju fler protoner och elektroner en atom har, desto mer komplicerad blir situationen för de interna förhållandena av attraktion och repulsion; atomen blir ett bålgetingbo där getingar rör sig med ofattbara hastigheter längs probabilistiska orbitaler.

Under dessa förhållanden är det enda sättet att mycket ungefärligt veta var en elektron är och hur snabbt den rör sig att behandla den som en våg; elektronen kommer att befinna sig i valfri punkt X av vågen som beskriver den. Denna princip definieras av en matematisk funktion, vågfunktionen, upptäckt av den österrikiske fysikern och matematikern Erwin Schrödinger.

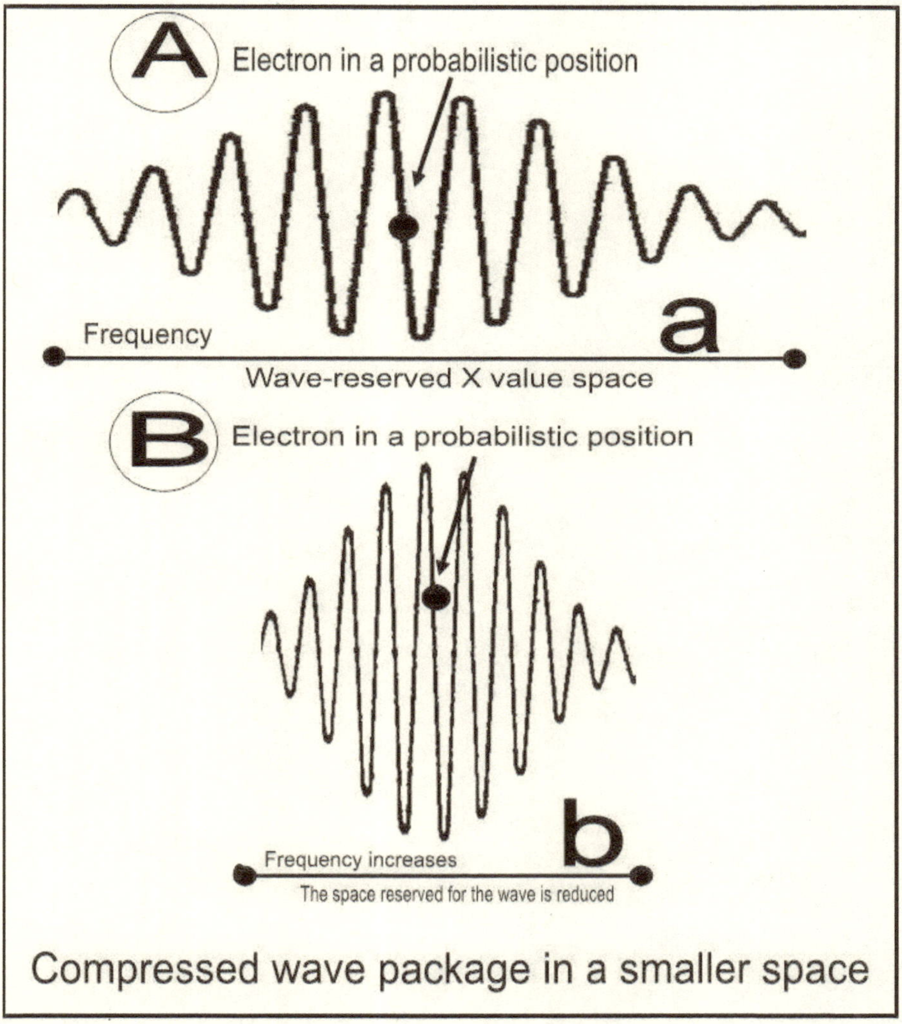

Figura 41 - Comprimendo la regione di spazio dell'onda aumenta la sua frequenza e quindi la velocità di rotazione della particella.

A. Nello spazio di valore "X" la frequenza dell'onda ha valore "a".

B. In uno spazio più stretto la frequenza dell'onda ha valore "b", più alto di "a".

Denna funktion definierar i själva verket inte de exakta koordinaterna för elektronen, utan avgränsar en rymdvolym inom vilken den kan hittas med större sannolikhet.

Idag vet vi att kvantlagar inte bara kan tillämpas på elektronen utan också på partiklarna som finns i kärnorna av atomer, protoner och neutroner.

Dynamisk bild av atomen.

Det som har sagts hittills ger en mycket mer dynamisk syn på atomen än den klassiska. Med tanke på en elektron som en partikel kan vi faktiskt inte veta exakt var den är, förutom att den är belägen i någon punkt i vågfunktionen som beskriver den (fig. 41A).

Modern fysik har kommit att uppfatta universum som ett oupplösligt nätverk, inom vilket relationer är absolut dynamiska, inte statiska. Inom kvantmekaniken förstärks denna dynamiska aspekt, om möjligt, och är en direkt följd av partiklarnas vågnatur. Följaktligen kan egenskaperna hos subatomära partiklar endast förstås i sammanhanget av deras dynamik.

Att partiklar också är vågor orsakar ett till synes bisarrt beteende som man måste ta hänsyn till. Om vi tvingar in en partikel i ett givet utrymme, reagerar den genom att flytta runt i det utrymmet. Ju mer utrymmet är begränsat, desto snabbare blir omrörningen.

Denna egenskap blir förståelig genom att granska figur 41.

I den övre delen avbildas vågfunktionen för en elektron, innesluten i ett område av rymden med värdet X med elektronen placerad i en probabilistisk position.

I den nedre delen av figur 41B, genom att begränsa det tillgängliga utrymmet, vibrerar vågen med en högre frekvens och detta orsakar en ökning av elektronens hastighet. Ju mindre gränsområdet är, desto mer kommer elektronens rörelse att öka.

Partiklarnas tendens att reagera på varje avsmalning av rymden genom att öka deras hastighet genererar ett tillstånd av omrörning av materia, typiskt för den subatomära världen.

Trots allt, även i kärnan finns det ingen orörlighet, tvärtom, om möjligt, tar agitationen paroxysmala former. Vi kan förstå detta om vi betänker att kärnans volym är en biljon gånger mindre än atomens totala volym. Faktum är att, som vi redan har nämnt, om kärnan hade dimensionerna 3-4 millimeter, skulle den yttersta elektronen rotera i en sfärisk volym med en diameter på cirka 100 meter. I rymdens volym hos en så otroligt liten kärna spelar två krafter in: å ena sidan tenderar repulsionen mellan protonerna, som alla har en positiv elektrisk laddning, att "explodera" kärnan i rymden. Å andra sidan spelar dock den starka kärnväxelverkan in som utövar attraktion mellan alla partiklar som består av kvarkar. Därför vibrerar kärnan, i en evig konflikt gjord av repulsion och attraktion, med en hastighet som exalteras exponentiellt av sina mycket små dimensioner.

"Saker" eller händelser?

Eftersom partiklar är en del av större strukturer såsom molekyler och större klumpar av materia, har även dessa en tendens att röra sig i en evig dans, d.v.s. är naturligt upprörda. Kvantmekaniken visar att materia aldrig är inert, utan ständigt i rörelse. Även om objekten på ett makroskopiskt plan framstår som orörliga och solida för oss, sjuder de i sin intima sammansättning av frenetisk aktivitet.

Objekten i vår dagliga verklighet är sammansatta av atomer som ansluter till varandra för att bilda alla molekylära strukturer vi känner till. Dessa vibrerar i harmoni med den omgivande temperaturen. Elektronerna är bundna till atomerna av elektriska attraktions- och repulsionskrafter som pressar dem mot kärnan vilket orsakar en mycket hög rotationshastighet. I samma kärna reduceras protoner och neutroner till så små volymer att de orsakar agitation med knappt tänkbara hastigheter.

Ju längre man går in i studiet av atomen, desto tydligare blir det att den inte är den ultimata beståndsdelen av materia, fast och kompakt, som Newton föreslog, utan en uppsättning aktiviteter, d.v.s. vibrationer på grund av partiklar som samtidigt är vågor , i evig frenetisk rörelse i ett mestadels tomt utrymme.

Karl Raimund Popper, österrikisk filosof och forskare om metoder för att nå säker och vetenskaplig kunskap om saker och ting, tillskriver metafysiken, om den korrekt förstås, funktionen att stimulera framsteg. Fysisk determinism är starkt ifrågasatt av Popper, både ur vetenskaplig synvinkel och som en förutsättning för totalitarism. I sin volym "Egot och dess hjärna" uttrycker Popper sina tankar om det materiella universum i dessa termer:

> ”Materia visar sig vara högkoncentrerad energi, omvandlingsbar till andra energiformer och därför något av processkaraktär, eftersom den kan omvandlas till andra processer som ljus och självklart rörelse och värme. Vi kan då säga att resultaten av modern fysik tyder på behovet av att överge idén om en substans eller essens.
>
> Nu (som A. N. Whitehead särskilt betonade) framstår universum inte som en samling saker, utan som en uppsättning interagerande händelser och processer.
>
> Därför kan en modern fysiker mycket väl säga att fysiska saker - kroppar, materia - har en atomstruktur. Men atomer har i sin tur en struktur som knappast kan definieras som "materiell" och absolut inte "substantiell":(...) I materialismens och särskilt atomismens historia ansågs materiens verklighet vara tveksam inte bara av idealistiska filosofer

som Berkeley och Hume, men också
av fysiker som Mach, precis vid den
tidpunkt då kvantteorin växte fram."

I sin teori om kvantelektrodynamik (definierad som "fysikens juvel") antyder fysikern Richard Feynman att av Heisenbergs osäkerhetsprincip följer att kvantvakuumet, även kallat "nollpunktsfältet", genomsyras av ett hav av fluktuationer som de skapar par av virtuella partiklar och antipartiklar, som utplånar varandra på en tid som är omvänt proportionell mot deras energi.

Einsteins berömda formel E=mc2 säger att materia och energi kan omvandlas till varandra. Därför kan energi ta många former: den kan vara klassiskt mekanisk i två modaliteter, kinetisk eller potential; dessutom kan det vara kemisk, elektromagnetisk, gravitationell, termisk, kärnenergi. Alla dessa uttryck för energi är komponenter av samma globala energi, som kan ändra form men inte kan kringgå regeln att kvantiteten alltid förblir densamma. I sin oföränderlighet och omvandling spelar energi rollen att koppla samman alla fysiska fenomen i ett nätverk av transformationer, men varje fysisk transformation måste nödvändigtvis förse att mängden energi, före och efter, förblir densamma. Därför kan energi inte förstöras utan kan ta olika former. Ännu bättre, det är i ständig förändring.

Lokalitet och icke-lokalitet.

Lokalitet definierar det område där det finns manifestationer av energier och händelser som avgränsas av den klassiska fysikens lagar; i den lokala verkligheten är kausalitet eller determinism i kraft (varje händelse bestäms av en tidigare händelse), hela verkligheten är föremål för tidens pil som bara rör sig framåt. Det går i alla fall inte att överskrida ljusets hastighet. Denna begränsning förhindrar förekomsten av omedelbar kommunikation av information över långa avstånd. Dessutom genomgår all energi som bär någon information en effektminskning som är ännu högre ju längre den rör sig bort från källan, vilket händer med ett ljus eller ett ljud som blir allt svagare när avståndet ökar.

I den "icke-lokala" domänen, å andra sidan, finns det händelser och manifestationer som inte är föremål för de typiska begränsningarna för den lokala domänen: de är inte begränsade vare sig av tid eller avstånd. På den icke-lokala nivån finns ingen igår och idag, före och efter, utan bara "nu och alltid". På samma sätt finns det inget högt och lågt, nära och långt, utan bara "här och överallt”.

Kvantsammanflätning.

Entiteter som är inblandade i en "entanglement", partiklar eller fotoner, är kopplade till varandra eftersom de producerades genom en process som band dem samman på ett speciellt sätt. Till exempel två fotoner som emitteras av samma atom. Sådana fotoner eller partiklar kommer att förbli "intrasslade", dvs kopplade, för alltid. Om en av de två på något sätt påverkas, kommer dess "tvilling", var den än befinner sig i universum, också att reagera omedelbart.
(Amir Dan Aczel, israelisk matematiker och fysiker)

Materiens vågliknande beteende ligger till grund för ett annat överraskande kvantfenomen som kallas "kvantintrassling". Entanglement representerar ett av de mest mystiska och fortfarande i huvudsak oförklarade fenomenen i all modern fysik. Enligt Erwin Schrödinger, en av kvantmekanikens grundare, är det utan tvekan den kännetecknande delen av hela teorin.

Entanglement har så otroliga egenskaper att de fick Einstein att tvivla på verkligheten av fenomenet. 1935 formulerade han tillsammans med Boris Podolsky och Nathan Rosen den berömda "EPR-paradoxen" (så kallad efter initialerna i de tre forskarnas efternamn) som i själva namnets betydelse lyfte fram fenomenet intrassling som paradoxalt .

I själva verket innehöll EPR-paradoxen, som ursprungligen betraktades som ett giltigt vederläggande av intrassling, ett grundläggande fel, som lyftes fram 1964 av John Stewart Bell och bekräftades 1982 av Alain Aspects experiment. Senare, 1998, förbättrade Anton Zeilinger och andra Aspects experiment och bekräftade hans resultat.

Idag kan vi dra slutsatsen att kvantfysiken i otaliga studier har visat sig kunna producera korrekta experimentella förutsägelser upp till en precision som aldrig uppnåtts tidigare, och korrelationsfenomenen mellan partiklar, typiska för kvanttrassling, har faktiskt observerats. För närvarande är denna teori grunden för framväxande teknologier som kvantdatorer och kvantkryptografi och har gjort det möjligt att utföra experiment som rör teleportering, på vilka förväntningarna från den tekniska världen är koncentrerade.

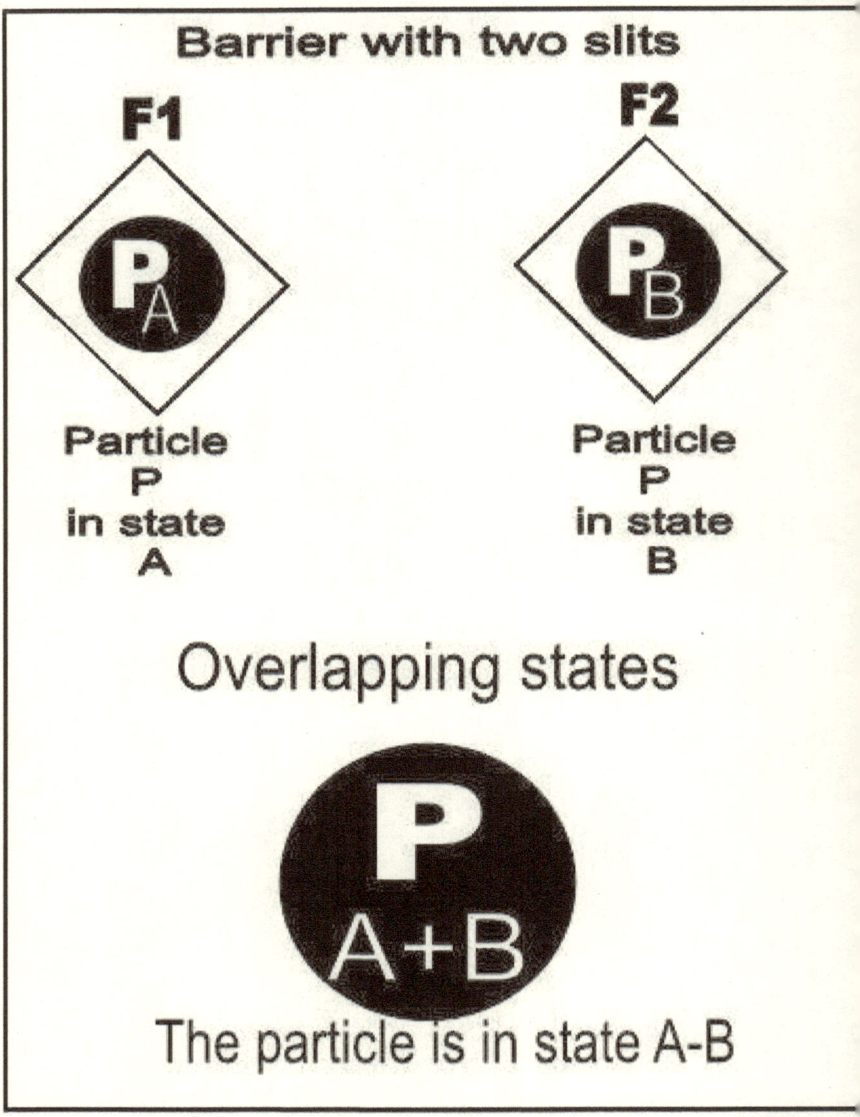
Barrier with two slits
F1
F2
PA
PB
Particle
P
in state
A
Particle
P
in state
B
Overlapping states
P
A+B
The particle is in state A-B

Figur 42 - P-partikeln som passerar genom båda slitsarna är i ett tillstånd av "kvantöverlagring".

F1 Partikel P passerar genom slitsen F1 och har tillståndet Pa

F2 Samma partikel P passerar också genom slitsen F2 och har tillståndet Pb

Partikel P är i "superposition av tillstånd". Dess tillstånd är P(a+b)

Superpositionsprincipen.

När vi undersökte dubbelslitsexperimentet som utfördes genom att bara skicka en partikel åt gången såg vi att partikeln passerar genom båda slitsarna och skapar ett interferensfenomen. Det är uppenbart att partikeln, eftersom den är den enda närvarande, stör sig själv. Detta är ett fantastiskt men verkligt fenomen, som tar namnet "Quantum Principle of Superposition of States".

Superpositionsprincipen bekräftar att två eller flera kvanttillstånd kan "överlagras", det vill säga läggas ihop, och resultatet blir ett annat giltigt kvanttillstånd. Något som liknar överlappande vågor i vattnet förekommer.

Därför kan tillståndet för ett system vara sammansatt av två eller flera tillstånd, för att dela några av egenskaperna hos var och en av de tillstånd som utgör det.

Om vi märker med A och B två olika egenskaper hos samma partikel, såsom:

tillstånd A: partikeln är på plats F1

tillstånd B: partikeln är på plats F2

då kan överlagringen av tillstånden för den partikeln skrivas som A+B eftersom den har något gemensamt med både tillstånd A och tillstånd B (fig. 42).

Partikeln är i tillstånd A när den passerar genom slits F1 och i tillstånd B när den passerar genom slits F2. Eftersom partikeln passerar genom båda slitsarna samtidigt är den samtidigt i båda tillstånden, dvs i ett superpositionstillstånd, vilket skrivs A+B och är en kombination av de två tillstånden

"Partikeln är i tillstånd A"

"Partikeln är i tillstånd B".

Om vi observerade partikeln när den korsar barriären skulle vi se den passera genom endast en av de två slitsarna och vi skulle inte få interferensfenomenet; om vi å andra sidan inte observerar det, passerar det genom båda slitsarna, genererar överlagringstillståndet och signalerar det genom att producera interferenssiffrorna på den bakre skärmen.

Superpositionsprincipen är ett av kvantfysikens största mysterier och är den oumbärliga nyckeln för att förstå fenomenet intrassling.

Korrelationen av partiklar.

Korrelation kan betraktas som resultatet av intrassling: två partiklar som har gjorts intrasslade med varandra sägs vara korrelerade. Det betyder att partiklarna är sammankopplade för att bilda ett sammanvävt system, och att de reagerar unisont, var och en på händelser som påverkar varandra. De beter sig precis som tvillingar, som de vars berättelser jag presenterade i början av den här boken, skulle göra.

Därför kan två besläktade partiklar betraktas som tvillingar. Precis som mänskliga tvillingar är inblandade i samma födelse, trasslar elementarpartiklar in när de blir inblandade i ett fenomen som intresserar dem på ett icke-trivialt sätt.

Fallen med bröderna McWhirter och systrarna Furness kan anses vara extraordinära eftersom huvudpersonerna reagerade på händelserna som påverkade deras tvilling utan någon uppenbar orsak, vilket rubbade kausalitetsprincipen enligt vilken varje händelse som inträffar i universum måste vara orsaken av en annan händelse som inträffat tidigare. Faktum är att även de korrelerade partiklarna reagerar på händelser som påverkar den andra (eller andra) utan något orsakssamband. Faktum är att reaktionen hos en av tvillingarna inträffar när han är helt omedveten om vad som händer med den andra.

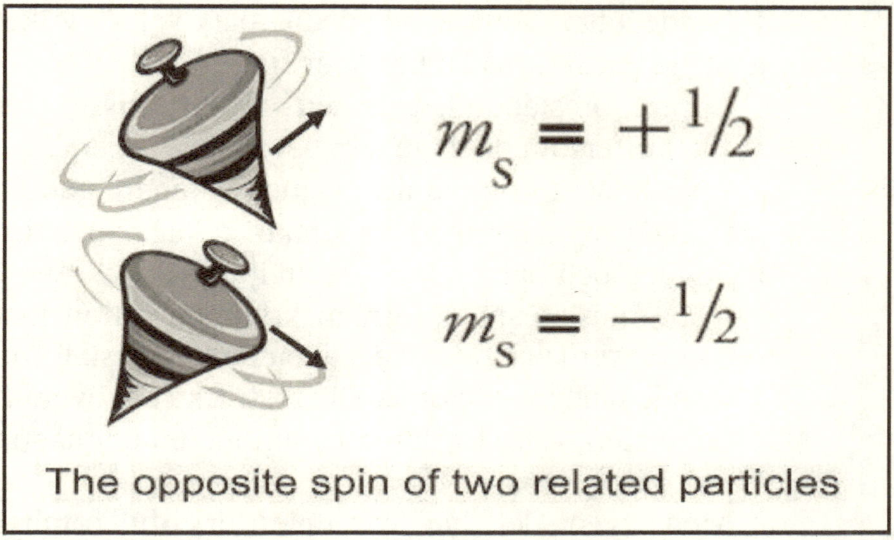

Figur 43 – Spinnet (rotationen) introducerades initialt i förhållande till elektronens "inboende magnetiska moment".

Samma sak händer även i fallet med intrasslade partiklar: tillståndsvariationerna är inte på varandra följande, utan samtida; och detta, märk väl, på vilket avstånd partiklarna än befinner sig.

Denna omständighet är ett riktigt pussel för fysiker eftersom det bara kan betyda två saker:

- partiklarna kommunicerar med varandra genom att sända signaler med en praktiskt taget oändlig hastighet, och i alla fall högre än ljusets,

– det finns en annan form av kommunikation som ignorerar rum och tid. Så det är en rent psykisk form, liknande tanken. kan omedelbart sträcka sig överallt i universum, i det förflutna i framtiden, utan någon fysisk gräns.

Men även det här exemplet är ofullkomligt eftersom det skulle förutsäga att en av de två partiklarna skulle starta ett "anrop" till den andra, i alla fall, om än med tankehastighet.

Istället bestämmer de två partiklarna sin variation samtidigt; ingen av partiklarna avgör det först. Om detta skulle hända, skulle kausaliteten spela in igen: om än i extrem hastighet. Så är inte fallet: partiklarna beter sig precis som om de vore en partikel.

Entanglement är en "konsistensbegränsning". Till exempel, om två fotoner med motsatta spinn är korrelerade och bildar ett intrasslat system, påverkar variationen av spinn (fig. 43) hos den ena samtidigt den andras spinn. Det finns inget sätt att verifiera vilken variant som kom först.

Figur 31 visar en metod som används i laboratorier för att erhålla korrelerade partiklar. Vid punkt A har en elektron placerad i vilken bana som helst en energi på 10 (exempelvärde). Vid punkt B har elektronen hoppat till en inre bana; nu är den erforderliga energin lägre, och vi kan betrakta den som lika med 9. Den onödiga kvantiteten, (ett kvantum), användes för att generera en foton.

För att få två korrelerade fotoner kommer en elektron att dubbelhoppas.

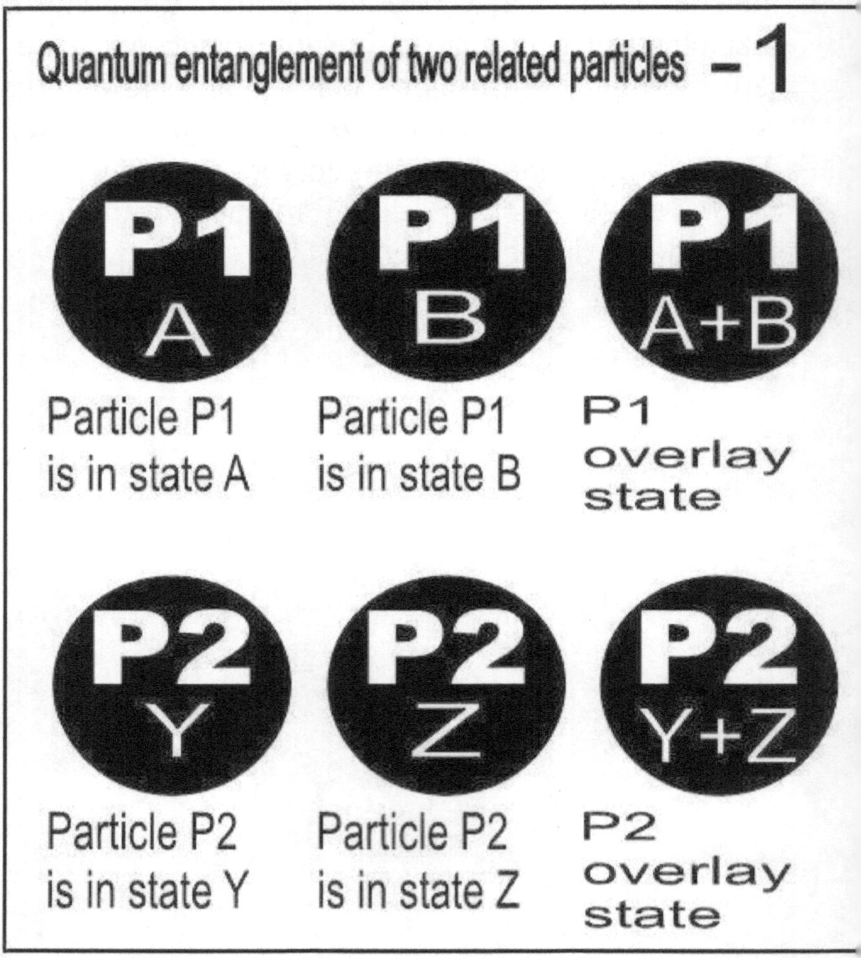

Figur 44 -
"Quantum intrassling" av två relaterade partiklar. (Första fasen)
De två partiklarna P1 och P2 har båda två tillstånd.
Partikel P1 är i superposition (P1(a+b)
Partikel P2 är i superposition (P2(a+b)

Låt oss föreställa oss att vi på detta sätt har erhållit två korrelerade fotoner och undersöker sambanden mellan dem.

Superposition av två partiklar.

Vi antar att var och en av de två partiklarna (P1 och P2) kan vara på två ställen samtidigt och därför har två tillstånd. Partikel P1 kommer att ha tillstånden P1A och P1B, medan partikel P2 kommer att ha tillstånden P2Y och P2Z. Kom ihåg att tillstånd A, B, Y och Z representerar olika platser där partiklar kan vara (Figur 44).

De två relaterade partiklarna har egenskapen att ha två tillstånd. Låt oss nu föreställa oss att partikel P1 är i tillstånd A och partikel P2 är i tillstånd Y. Resultatet är ett system av två partiklar med tillstånd AY, vilket kallas "produkttillståndet". Om vi å andra sidan föreställer oss att partikel P1 är i tillstånd B och partikel P2 är i tillstånd Z, blir resultatet produkttillståndet BZ (figur 45).

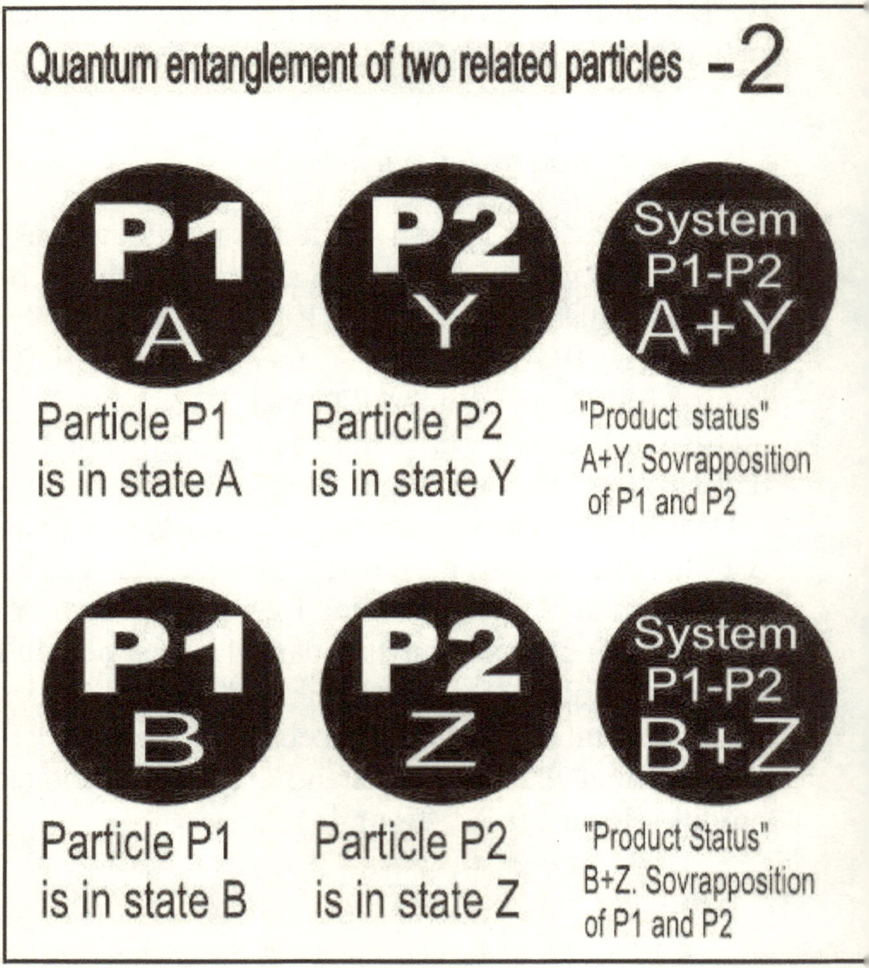

Figur 45 -
"Quantum intrassling" av två relaterade partiklar. (Andra fasen)
"Produkttillstånd" för relaterade partiklar P1 och P2
De två partiklarna P1a och P2y producerar superpositionstillståndet P1-P2(a+y)
De två partiklarna P1b och P2z producerar superpositionstillståndet P1-P2(b+z)

Vid denna punkt, med ett ytterligare steg, kan vi tillämpa superpositionsprincipen på uppsättningen av de två systemen AY + BZ.

Detta tillstånd kallas "entangled state" (Figur 46).

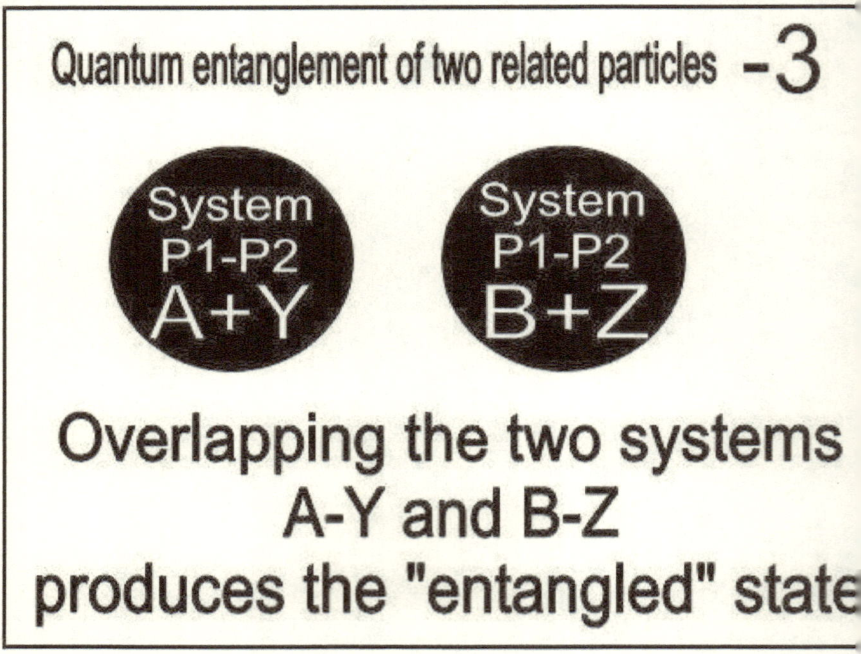

Figur 46 – "Quantum intrassling" av två relaterade partiklar. (Tredje etappen).

Överlagringen av två system AY och BZ producerar det "trasslade" tillståndet.

Överlappningen av de två systemen kallas "entanglement". "Produkttillståndet" AY indikerar att partikel P1 är i tillstånd A och partikel P2 i tillstånd Y.

På liknande sätt indikerar produkttillståndet BZ att partikel P1 är i tillstånd B och partikel P2 i tillstånd Z.

Det intrasslade tillståndet AY + BZ, som representerar en överlagring av tillstånd, indikerar att det finns obligatoriska slutsatser om de två partiklarna.

I själva verket, om en mätning görs som visar att partikel Pl är i tillstånd A, måste partikel P2 nödvändigtvis vara i tillstånd Y, och vice versa.

På samma sätt om det genom att utföra mätningen visar sig att partikeln P1 är i tillstånd B, måste partikeln P2 nödvändigtvis vara i tillståndet Z.

Med andra ord, när två partiklar är i intrasslat tillstånd är det inte möjligt att betrakta den ena individuellt oavsett den andra. I slutändan är det intrasslade tillståndet ett resultat av överlagringen av två "produkttillstånd".

När två partiklar väl är korrelerade skapas ett intrasslat tillstånd mellan dem som inte tar hänsyn till tid eller rum. Varje ingrepp på en av de två partiklarna producerar samtidigt en ömsesidig förändring i den andra, var den än befinner sig i universum.

Den danske fysikern Niels Bohr, grundare av den mycket berömda Köpenhamnsskolan, gav grundläggande bidrag till förståelsen av atomens struktur och till kvantmekaniken, och för dessa fick han Nobelpriset i fysik 1922. Angående partiklars korrelation han sa:

> "Även om två korrelerade fotoner fanns på två olika galaxer, skulle de alltid fortsätta att förbli en enda enhet, och den åtgärd som utförs av en av de två fotonerna skulle också ha en effekt på den andra."

Med detta förkunnar förveckling högtidligt att universum inte allt är föremål för den klassiska fysikens lagar, men, åtminstone på subatomär nivå, är dessa lagar inte längre giltiga.

Det faktum att de två "intrasslade" partiklarna fortsätter att bete sig unisont oavsett avståndet mellan dem utgör ett till synes olösligt problem.

Hur kommunicerar de två partiklarna med varandra? Absolut inte med signaler som skickas med klassiska metoder; dessa skulle faktiskt blekna när avståndet ökar och de kunde i alla fall inte överstiga ljusets hastighet. Det måste verkligen finnas en möjlighet till icke-fysisk kommunikation.

Icke-lokala och extrasensoriska fenomen.

Den mest överraskande och spännande egenskapen som framgår av det som har sagts hittills är att subatomära partiklar kan utbyta information omedelbart, dvs de är sammankopplade på ett icke-lokalt sätt; förenklat, informationen passerar inte genom någon fysisk plats för att koppla ihop de två partiklarna; den icke-lokala nivån är en rent psykisk nivå (för att undvika att använda termen andlig), det vill säga består av ren information eller intelligens.

Det kan också hävdas att de två partiklarna bara till synes är åtskilda medan de i praktiken förblir en, eftersom det är precis så de beter sig. Detta löser inte problemet. Om de två partiklarna däremot var en, så borde hela universum vara ett, d.v.s. det skulle inte vara gjort av separata objekt (förutom på makrofysisk nivå) medan det på subatomär nivå skulle vara en enda verklighet

Kanske talar vi om "Unus Mundus", konceptet som uppstod genom samarbetet mellan Jung och Pauli, eller kanske talar vi om det underförstådda universum som teoretiserats av David Bohm. Även i detta fall skulle dock en enda universell intelligens behövas för att styra kosmos.

Albert Einstein motsatte sig starkt principen om icke-lokalitet eftersom den bröt mot de fysiska lagar som han själv hade formulerat, alla baserade på lokalitet. Han försökte ständigt i sitt liv utveckla en teori som är kapabel att förena den klassiska fysikens begrepp med kvantum; tyvärr lyckades han inte.

År 1982, efter de experiment som utfördes av Alain Aspect, bekräftades teorin om intrassling och med den begreppet icke-lokalitet definitivt. Sedan dess har vi vetat att den "lokala realism" som vi uppfattar i vår dimension inte är en absolut naturlag.

Vid denna tidpunkt blir det möjligt att föreställa sig att rum och tid är inkonsekventa och endast existerar på en perceptuell nivå. Aspects experiment visade oss att det finns ett samband mellan partiklar som går bortom rum-tid. Dessutom, eftersom hela universum är uppbyggt av partiklar, kan vi fråga oss om fenomenet icke-lokalitet bör begränsas endast till subatomär verklighet eller om det också kan manifestera sig bland större objekt, eller till och med bland levande varelser.

Är det möjligt för biologiska organismer, såsom människor, att komma åt den icke-lokala nivån? Om svaret var ja, så skulle vi kunna tänka oss ett informationsutbyte mellan olika organismer med okonventionella medel, genom den där mystiska dimensionen som är icke-lokalitet.

I själva verket bör denna möjlighet inte uteslutas, tvärtom finns den och är mycket utbredd och känd. Det kallas telepati.

Ett kännetecken för telepati är att det fungerar bättre mellan människor som är sammanlänkade genom särskilda band av tillgivenhet eller släktskap, såsom mödrar och barn, det vill säga "intrasslade" mellan dem känslomässigt.

Vår hjärna är säkerligen kapabel att bearbeta önskemål om förbindelse med människorna närmast oss. Kanske representerar icke-lokalitet det hittills okända sättet genom vilket sådan kommunikation faktiskt kan ske. Även om människor inte vet hur man använder telepati fullt ut, har de fortfarande medel för att göra det, nämligen ett sinne som kan bearbeta tankar och vill överföra dem. Ibland sker detta spontant, det vill säga det händer även om vi inte kan förklara hur det går till.

Telepati består förmodligen av ett korrelationsfenomen mellan sinnen. Medvetandet, i utövandet av sin förmåga att utveckla avsikter, kan korrelera två hjärnor genom att försätta dem i ett intrasslat tillstånd.

En annan aspekt som skulle kunna kopplas till icke-lokalitet är den som rör fenomenen framförhållning och föraning.

På den icke-lokala nivån kunde man verkligen känna igen stora överensstämmelser med det kollektiva omedvetna, den kosmiska nivå som Jung teoretiserade innehåller all mänsklighetens historia och visdom i dess evolution. Möjligheten till en "förveckling" som utvecklas på en icke-lokal nivå sammanfaller med möjligheten till en kollektiv medvetenhetsnivå och gör det troligt att individuella samveten kan komma åt dess tidigare, nuvarande och framtida innehåll.

I denna mening kunde Alain Aspects och hans medarbetares experiment också betraktas som experiment inom kvantmetafysik. Genom att demonstrera icke-lokalitet demonstrerade de också existensen av en nivå som överskrider rumtidens verklighet, och motbevisade hypotesen om ett rent materiellt universum.

Brian Josephson är en walesisk fysiker, född i Cardiff 1940. När han var bara 22 upptäckte han Josephson-effekten, och som ett resultat av detta fick han 1973 Nobelpriset i fysik.

Josephson är en av de mest kända forskarna bland dem som stödjer möjligheten att parapsykologiska fenomen är verkliga. Han vågade sig särskilt på studiet av österländsk mystik, och de möjliga implikationer som den kunde presentera i förhållande till tolkningen av vetenskapliga fenomen i en mystisk eller metafysisk nyckel. Josephson uppger särskilt att en av hans vägledande metoder är: "nullius in verba" (lita inte på någons ord) med hänvisning till det faktum att:

> "...om alla vetenskapsmän förkastar en idé, bör detta inte nödvändigtvis betraktas som ett bevis på att den tidigare nämnda idén är absurd, tvärtom är det nödvändigt att noggrant undersöka motiveringarna för dessa åsikter, för att utvärdera om de stöder granskningen av en noggrann undersökning."

Ett "trasslat" universum.

Brian Greene är en amerikansk fysiker, en av de viktigaste forskarna inom strängteorin. Han gav ut boken "The fabric of the cosmos. Space, time, reality".

I den här boken, med fokus på tidens gåta, slår Greene fast att ingen fysisk regel bekräftar tanken att tiden flyter i någon speciell riktning. Dessutom, bland ämnena i den här boken, förutom en grundläggande utläggning av strängteori, kan du hitta behandlingen av kvantintrassling. Det är i huvudsak en analys av verklighetens natur med utflykter i ämnen som rumtid, kosmologi och universums ursprung (den så kallade teorin om allting).

Greene tror i själva verket att universum är en helhet inneboende intrasslad och sammanhängande med sig själv.

En annan auktoritativ bekräftelse kommer från boken "The Non-Local Universe: The New Physics and Matters of the Mind", en text skriven av två fysiker, Robert Nadeau och Menas Kafatos. Här är ett citat ofta hämtat från denna text:

> "Alla partiklar i kosmos historia har interagerat med andra partiklar på det sätt som upptäckts av Aspects experiment. Praktiskt taget allt i vår omedelbara fysiska miljö består av kvanta som har interagerat på detta sätt med andra kvanter från big bang till nuet. (...) Det bör också beaktas att kvantintrassling växer exponentiellt med antalet partiklar involverade i det ursprungliga kvanttillståndet och att det inte finns någon teoretisk gräns för antalet dessa intrasslade partiklar.
>
> Om så är fallet kan universum på en mycket grundläggande nivå vara ett stort nätverk av partiklar, som håller kontakt med varandra över alla avstånd och på nolltid och utan överföring av energi eller information. Detta antyder, hur konstigt eller bisarrt detta än kan verka, att hela den fysiska verkligheten är ett enda kvantsystem som reagerar enhälligt på ytterligare interaktioner."

Faktum är att om vi betraktar Big Bang-teorin som jag beskrev tidigare, visar sig dess grundläggande antagande vara den mycket kraftfulla explosionen, som inträffade för cirka 15 miljarder år sedan, av en punktliknande energi-"singularitet". Ur denna "singularitet" skulle, tack vare en expansion som fortfarande pågår, hela universum ha fötts. Detta betyder att hela universum från början komprimerades till en verklighet med nästan oändlig täthet. Det faktum att alla partiklar var så nära förbundna och att de alla föddes från samma explosiva händelse gör det legitimt att tro att alla partiklar i universum faktiskt är intrasslade med varandra.

behåller ett minne av deras vänskap med varannan partikel. Detta betyder att uppdelningen av verkligheten i "saker" bara är en illusion. Separationen beror på hur vi uppfattar universums makroskopiska nivå. I verkligheten är universum, även om det är utvidgat till miljarder galaxer med miljarder år från varandra, fortfarande en sak, eftersom det är förenat i sitt djup med icke-lokala band, bortom all rymd och all tid. Om detta kunde påvisas skulle det också demonstreras att vi alla lever i en ofantlig holistisk verklighet där varje enskild del är värd helheten eftersom den inkluderar helheten.

Det finns säkert fortfarande många saker som vi inte vet och som till och med kan överträffa vår fantasi.

Bekräftelserna av kvantintrassling.

Einstein hade fel när han sa: "Gud spelar inte tärning." Studiet av svarta hål tyder faktiskt på att Gud, förutom att spela tärningar, ibland förvirrar oss genom att kasta dem där vi inte kan se dem.
(Stephen Hawking)

Förmodligen kommer någon ihåg "Noein". Det är en animerad science fiction-serie från 2005 producerad av Satelight-studion, bestående av 24 avsnitt, skapad och regisserad av Kazuki Akane.

Noein, karaktären som serien har fått sitt namn från, är en flyktig figur, kännetecknad av en gyllene mask med ett öga. Det är han som väver in handlingen från första början. Han är djupt genomsyrad av teorier om kvantmekanik.

Noein behandlar begreppet tid som en dimension som resonerar med andra tidslinjer. I synnerhet ser han universum förgrena sig till ett oändligt antal sannolikheter, vilket gynnar Hugh Everetts tolkning av "många världar". Noein inkorporerar dock också många aspekter av tolkningen av Bohr och Köpenhamnsskolan, enligt vilka närvaron av en observatör är väsentlig för att fastställa sannolikhetsvågens kollaps i en mätbar situation.

Haruka, en kvinnlig karaktär, har makten att "observera" i multiversum, en kraft som gör att hon kan bestämma resultatet av en handling helt enkelt genom att "observera den".

I avsnittet "Overlays" förklarar Uchida Schrödingernas kattparadox för sin livvakt Koriyama. Detta är en idealisk situation där endast en observatör kan bekräfta kattens död i samma ögonblick som han öppnar lådan. I samma avsnitt hänvisas även till frasen "Gud spelar inte tärningar", ett berömt citat av Albert Einstein..

"Gud spelar inte tärning, visste du det? Låt oss säga att du slår en tärning, och det kastet kommer upp med nummer sex."

"Jag skulle föredra nummer ett, eftersom det är det första."

"Okej, en eller sex är likadant. Så låt oss säga att nummer ett kom ut. Nummer fem kan också komma ut, eller nummer fyra kan komma ut. De har samma sannolikhet, eller hur?

"Faktiskt ja."

"Kan du föreställa dig en värld där nummer fem kom ut och en annan värld där nummer fyra kom ut? Är det möjligt att det finns otaliga världar där otaliga kopior av dig själv slår ett oändligt antal tärningar?"

"Gud spelar inte tärning".

Detta citat är en av Einsteins mest kända maximer. Han upprepade det flera gånger vid olika tillfällen. Forskaren använde denna metafor i motsats till de icke-deterministiska implikationerna av kvantmekaniken, som förespråkades av Niels Bohr och hans Köpenhamnsskola.

Det faktum att en elektrons position och hastighet inte kunde fastställas med säkerhet, och att dessa data endast kunde uttryckas i termer av sannolikhet, kränkte i hög grad Einsteins rigoröst vetenskapliga känsla, starkt baserad på lokalitet och determinisms säkerhet.

Enligt Bohrs teori, om en elektron "observeras" flera gånger, under samma experimentella förhållanden, erhålls inte alltid samma resultat. Detta beror på det faktum att dess bana alltid är föremål för det "instabila molnet" av sannolikhet.

Det skulle vara som om man, genom att kasta en tärning med samma mekanism, alltid skulle få samma nummer. Men vi vet att det inte händer, på grund av de otaliga variationerna som påverkar lanseringen. Till exempel omgivningstemperatur och luftfuktighet.

Med sin aforism menade Einstein att kvantmekaniken inte kunde anses likna tärningskastet, men den måste med nödvändighet ge vissa resultat i sina beräkningar.

Det finns många citat där Einstein kraftfullt uttrycker sina tvivel. Den 4 december 1926 skrev han dessa ord i sin dagbok:

> "Kvantmekaniken är värd all respekt, men en inre röst säger mig att det ännu inte är den rätta lösningen. Det är en teori som säger oss många saker, men som inte låter oss tränga längre in i hemligheten med den "Grand Old Man". Jag är i alla fall övertygad om att "Grand Old Man" inte spelar tärning med världen."

1942 skrev Einstein till Cornelius Lanczos, ungersk matematiker och fysiker och hans store vän:

> "Hur svårt det är att kunna ta en titt på Guds kort. Men jag tror inte för ett enda ögonblick att han spelar tärning eller använder "telepatiska" metoder som nuvarande kvantteorin vill ha det."

I synnerhet är de många åsiktsutbytena mellan Einstein och Niels Bohr, anhängare av två motsatta teser, kända. Många vittnen och Bohr själv minns den verbala konfrontationen som ägde rum med anledning av Solvay-kongressen 1927. Bohr skriver så här:

> "För sin del frågade Einstein oss skämtsamt om vi faktiskt kunde tro att den gudomliga försynen hade "spelat tärning". Jag svarade att de gamla tänkarna hade varnat oss för att vara mycket försiktiga med att definiera försynens attribut i vanligt språk."

Werner Heisenberg var också närvarande vid det tillfället och minns Einsteinis skämt som Bohr svarade:

> "Men det är inte upp till oss att berätta för Gud hur vi ska få världen att gå!".

År 1944, den 7 september, skrev Einstein till Bohr så här:

> "Våra vetenskapliga perspektiv är nu poler åtskilda. Du tror att Gud spelar tärning med världen; jag tror istället att allt lyder en lag. Jag tror på en värld av objektiva realiteter och jag försöker förstå dem på ett rasande spekulativt sätt. Jag hoppas att någon kommer att upptäcka ett mer realistiskt sätt än mitt. Inte ens den stora initiala framgången med kvantteorin lyckas övertyga mig om att slumpmässighet är grunden för allt.
>
> Jag vet dock att yngre kollegor betraktar denna inställning som en effekt av min skleros. En dag kommer det att bli känt vilken av dessa två instinktiva attityder som var den rätta."

Einsteins avhandling baserades på begreppet dolda variabler. Om Köpenhamnsskolans version av kvantmekaniken hade gett icke-deterministiska resultat, berodde det enligt honom på att någon viktig parameter hade försummats.

EPR-paradoxen.

Kvantintrassling, som härrör från Köpenhamnstolkningen, ansågs paradoxal eftersom den ansågs oförenlig med speciell relativitetsteori som betraktar ljusets hastighet som det maximala med vilket all typ av information kan färdas. Dessutom var kvantintrassling oförenlig med lokalitetsprincipen. Därav Einsteins tro att kvantteorin var ofullständig. Enligt honom var teorin ofullständig på grund av "dolda variabler", det vill säga parametrar som inte hade beaktats i beräkningarna.

År 1935, tillsammans med Boris Podolsky och Nathan Rosen, föreslog Einstein ett tankeexperiment i essän "Kan kvantmekanisk beskrivning av fysisk verklighet anses vara komplett?"

Uppsatsen publicerades i "Physical Review" XLVII, 1935, s. 777-780).

I detta verk, känt som "EPR Paradox" från initialerna i deras namn, tänkte de tre skaparna visa att kvantmekaniken ledde till giltiga resultat, men gav paradoxala konsekvenser. Följaktligen, enligt dem, var det inte en fullständig fysikalisk teori.

Fem månader senare svarade Niels Bohr med att publicera en artikel med samma titel i samma tidskrift (Physical Review XLVIII, 1935, s. 700).

I verkligheten hade då sammandrabbningen mellan de två forskarna inga vinnare framför allt eftersom dåtidens instrument inte möjliggjorde en verklig experimentell verifiering av de teser som stöddes. Som fortfarande används idag kallades de föreslagna "experimenten" "mentala experiment" eller "Gedankenexperiment", enligt den tyska termen myntad av den danske fysikern Hans Christian Ørsted. Därför syftar ett tankeexperiment

än idag till att testa, bekräfta eller vederlägga en hypotes eller teori, men det har en imaginär och icke-empirisk karaktär eftersom praktiska begränsningar gör det omöjligt.
Det måste också sägas att EPR-experimentet hade en sådan grad av komplexitet att det i alla fall gjorde de slutsatser som kunde dras av det tveksamma.
Trots detta var Einstein inte den ende som tvivlade, utan även andra vetenskapsmän lyfte i sina verk fram de paradoxala sidorna av Köpenhamnstolkningen av kvantmekaniken.

Schrödingers kattparadox.

1935 publicerade Erwin Schrödinger, en österrikisk fysiker som hade fått Nobelpriset 1933, artikeln där han beskrev den berömda "kattparadoxen", för att försöka visa hur bisarr teorin om staters superposition var. I sanning Schrödinger, som föreslog denna paradox, avsåg, liksom Einstein, att demonstrera kvantfysikens gränser, även om han själv hade varit en av grundarna av denna vetenskap. Som redan nämnts, enligt kvantfysiken, kan beteendet hos en elementarpartikel inte förutsägas exakt, utan bara på ett probabilistiskt sätt.

ERWIN SCHRÖDINGER 1887-1961
S
5
REPUBLIKÖSTERREICH
Help me!

Bild 47 - Ovan, Erwin Schrödinger i ett vintagefoto och på ett österrikiskt minnesmärke. Nedan ett lekfullt inlägg om den berömda kattparadoxen, från bloggen "Cenacolo Jung-Pauli".

Detta är inte fallet för makroskopiska system, d.v.s. sammansatta av miljontals aggregerade atomer: när vissa data väl är kända är det möjligt att beräkna exakt vad som kommer att hända i dem och när det kommer att hända.

Schrödingers tankeexperiment är ganska komplicerat. Det handlar om att en katt låses in i en låda som innehåller ett radioaktivt ämne. Vi vet med säkerhet att en enda atom av detta ämne kommer att avge strålning, men vi kan inte säga exakt när detta kommer att ske.

I lådan, tillsammans med katten, finns en anordning som, när det radioaktiva ämnet avger strålning, orsakar att en flaska med cyanid spricker, vilket dödar katten.

Visst har tiderna förändrats och en vetenskapsman som föreslog ett experiment av detta slag idag skulle omedelbart finna sitt laboratorium belägrat av djurrättsaktivister. Men vi vet att Schrödinger aldrig lade någon katt i någon box, sannolikt ägde han en katt som han var väldigt förtjust i.

Om vi går tillbaka till experimentet vet vi att det lilla djurets död bara kommer att hända om det radioaktiva ämnet avger strålning, men vi vet inte om detta kommer att hända eller när, eventuellt, det kommer att hända.

Lådan hålls stängd i en timme. Genom att veta att det finns en 50% chans att atomen sönderfaller inom denna timme, kan vi fastställa att vi har lika stor chans att hitta katten död eller levande när vi öppnar lådan.

Enligt kvantmekaniken i Köpenhamnstolkningen, om atomens beteende inte explicit observeras, är den senare i en superposition av tillstånd, det vill säga den har förfallit men samtidigt har den inte förfallit; atomen förblir i denna superposition tills någon öppnar rutan och orsakar "vågfunktionen kollaps".

Om man tillämpar Schrödingers paradox på kvantmekaniken, så länge lådan förblir stängd har vi både en sönderfallen och icke-förmultad atom, en hel och trasig flaska med cyanid och en död och levande katt.

Men när lådan öppnas kollapsar systemet till ett definitivt tillstånd. Detta liknar det som sades i fallet med dubbelslitsexperimentet: när en foton kastas mot barriären beter den sig som en våg, den passerar genom båda slitsarna och orsakar ett interferensfenomen. Om vi istället applicerar ett instrument på en av de två slitsarna för att observera dess passage, kollapsar vågfunktionen och fotonen beter sig som en partikel och passerar genom en enda slits.

Därför antar systemet som består av radioaktiv atom, cyanidflaska och katt först när lådan öppnas ett enda, sammanhängande icke-överlappande tillstånd.

Vi kan skämtsamt säga att ur denna situation skulle medvetenheten uppstå om att genom att öppna lådan, skulle det vara sannolikt att orsaka kattens död.

Istället skulle katten fortsätta att vara vid liv (eller åtminstone både död och levande) så länge boxen förblev stängd.

Uppenbarligen beskriver Schrödingers kattparadox en situation som är absolut långt ifrån verkligheten. Till försvar för kvantfysiken kan vi säga att Schrödinger i viss mening fuskade genom att sätta ihop två verkligheter, den kvantiska och den makroskopiska. Naturligtvis har vi ännu inte nått enandet av de olika fysiska lagarna för de två nivåerna.

John Stewart Bells Ojämlikhet.

Erwin Schrödinger var inte ensam om att stödja Einsteins tvivel. Många andra vetenskapsmän var begreppsmässigt kritiska till Köpenhamnsskolans avhandling. Men majoriteten av det vetenskapliga samfundet blev gradvis övertygade om att Einsteins ståndpunkt var felaktig. Argumentet hade gradvis lagts på hyllan och, även om det saknades bevis, insåg majoriteten av vetenskapsmän giltigheten av Bohrs "icke-lokala" teori.

Figur 48 - John Stewart Bell föreslog ett experiment, utfört 1982 av Alain Aspect, som visade felaktigheten i teorin uttryckt av Einstein tillsammans med Podolski och Rosen (EPR-paradox) som bekräftar fenomenet intrassling.

Debatten återupplivades av John Stewart Bell (fig. 48), en tyst rödhårig, fräknig ung man född i Belfast, Nordirland, 1928.

Bell hade tagit examen i experimentell fysik vid Queen's University of Belfast 1948. Efter flera år, tillbringat på olika institut, hade han börjat arbeta på CERN, (European Organization for Nuclear Research) i världens största partikelfysiklaboratorium, beläget på gränsen mellan Schweiz och Frankrike, i den västra utkanten av staden Genève i kommunen Meyrin.

En partikelaccelerator är en maskin som kan producera strålar av joner eller subatomära partiklar, inklusive elektroner, positroner, protoner och antiprotoner, med hög kinetisk energi. Dessa maskiner används för industriella och medicinska ändamål och för att studera materialstrukturen. På nivån av teoretiska experiment, i partikelfysik, tillåter deras användning att erhålla strålar av högenergipartiklar som används för att undersöka föremål med mycket små dimensioner. Speciellt "Large Hadron Collider" (LHC) i Genève, som togs i drift den 10 september 2008, sträcker sig över en omkrets av 27 kilometer och designades för att accelerera protoner upp till att tillåta deras studier under förhållanden som liknar de första ögonblick i universums liv, omedelbart efter Big Bang.

Medan han var uppslukad av dessa åtaganden, fann Bell också tid att ägna sig åt de grundläggande frågorna inom kvantteorin som hade glömts bort. 1964, ungefär trettio år efter uppsatsen om EPR-paradoxen, återupptog Bell debatten om denna fråga som hade tyckts läggas på hyllan och skrev en artikel för tidskriften "Physics" med titeln "On the Einstein-Podolsky-Rosen paradox" där han tog upp problemet med dolda variabler.

Frågan Bell ställde var om kvantteorin behövde dolda variabler, som Einstein hävdade, för att på ett betryggande sätt placeras i kategorin deterministiska fenomen. Han trodde att detta var väsentligt för att få ut kvantfysiken ur återvändsgränden av icke-lokalitet, det vill säga från möjligheten att två partiklar kunde kommunicera med varandra på ett icke-lokalt sätt och påverka varandra utan begränsningar av rum och tid .

Som vi redan har sett tvivlade Einstein, trots att han var en av grundarna av kvantteorin, dess fullständighet. Enligt hans uppfattning borde en mer komplett teori ha förutsett existensen av element av verkligheten, eller dolda variabler, för att bevara begreppet lokalitet. Dessutom skulle icke-lokalitet ha varit i konflikt med hans relativitetsteori. Faktum är att relativitetsteorin utesluter att effekterna av en fysisk handling kan observeras omedelbart på avstånd. Detta skulle ha resulterat i överföring av information snabbare än ljusets hastighet. Istället har Einsteins relativitetsteori bland sina grunder en mycket exakt ljushastighet, lika med 299 792,458 kilometer per sekund. Det är en parameter som, om den inte togs i beaktande, skulle få hela relativitetsteorin att kollapsa.

Tyvärr, vid den tidpunkt då Einstein uttalade sina invändningar, var arbetet fortfarande uteslutande inom det teoretiska området, med tanke på omöjligheten att utföra kontroller på grund av otillräckligheten hos den experimentella hårdvaran. Som ett resultat av detta förblev Einsteins "lokala realism", giltig på en teoretisk nivå men i kontrast till lika teoretiskt giltiga hypoteser, begränsad till nivån av ett ämne för filosofisk debatt.

Frigörandet av denna återvändsgränd kom när John Bell 1964 lade frågan på bordet igen genom att ställa problemet i termer som kan verifieras med experiment. Dessa var tvungna att sörja för mätning av fysikaliska egenskaper hos partiklar på avstånd från varandra, men kopplade till varandra (korrelerade) av kvanteffekter.

Bell formulerade den berömda "Bell ojämlikheten". I denna teori visade han att inget tillägg av ytterligare dolda variabler, som föreslagits i EPR-paradoxen, skulle kunna reproducera alla egenskaper som förutspåtts av kvantmekaniken, särskilt de som rör intrassling.

Bells ojämlikhet lyfte fram ett alternativ: antingen var en kvantteori som föll under paraplyet av Einsteins lokalitet tack vare bidraget från dolda variabler korrekt, eller så var kvantmekaniken hos Bohr och Köpenhamnsskolan, med dess implikationer av icke-lokalitet.

I själva verket utvecklade Bell sin teori utifrån antagandet att det faktiskt fanns möjlighet att föreställa sig integrationen av kvantteorin med dolda variabler, som Einstein hade föreslagit.

Med detta var han överens med andra studier utförda av David Bohm, enligt vilka de dolda variablerna skulle ha varit informationsvektorer.

Det vill säga, Bohm föreslog att partiklar redan hade en uppsättning instruktioner som berättade för dem i förväg hur deras beteende skulle vara under alla omständigheter.

Bells ojämlikhet hade fördelen av att tillåta en experimentell verifiering genom att mäta polariseringen av fotoner. Efterföljande experiment var "det rykande geväret" mot lokal realism och visade att den "hemska handlingen på avstånd" som EPR-paradoxen förutsåg är en fast del av verkligheten.

Framför allt visar dessa experiment utan tvekan att även i hypotesen om förekomsten av dolda variabler, skulle principen om "icke-lokalitet" ändå ha bekräftats.

I sin bok "Information. The new language of science" skriver Hans Christian von Baeyer, en amerikansk akademiker:

> "Tvärtemot Einsteins intuition spelar inte bara Gud tärning, utan han verkar vara den enda vi kan lita på att spela rättvist."

Experiment som bekräftar icke-lokalitet.

1969 fick Bell ett brev från den unge Berkeley-fysikern John Clauser som berättade för honom att han hade utarbetat ett experiment för att testa sin teori om ojämlikhet. Han var inte ensam om att utföra den här typen av experiment. Verifiering av experimentella resultat tenderade att fastställa den verkliga fysiska världens lokala eller icke-lokala karaktär. Teknikens framsteg genom åren har lett till betydande effektivitetsförbättringar, men i alla fall bekräftade alla experiment kvantteorin om icke-lokalitet och gav resultat som inte kunde förklaras ens genom att lägga till dolda variabler.

År 1972 använde John Clauser, i samarbete med Stuart Freedman, kalciumatomer för att erhålla, med det dubbla kvantsprånget för en elektron, ett par korrelerade fotoner. Genom att utföra en serie mätningar under cirka 200 timmar fick Clauser och Freedman bekräftelse på fenomenet intrassling och icke-lokalitet. Detta resultat förbryllade Clauser själv, som var benägen att bevisa inkonsekvensen av kvantteorin. Kanske av denna anledning fick experimentet inte den uppmärksamhet det förtjänade.

Fallet med experimenten utförda av Alain Aspect (fig.49) var annorlunda, född 1947 i Agen, en liten fransk by inte långt från Bordeaux.

I motsats till Clauser hade Aspect insett att kvantteorin nådde en stor vetenskaplig framgång på teoretisk nivå, och att konflikten mellan lokalitet och icke-lokalitet som antyddes av Bells ojämlikhet kunde lösas med experiment som skulle besegra lokalitetstesen; Aspect var säker på att han kunde bevisa kvantteorin och dess icke-lokala effekter.

I mitten av 1970-talet, när han fortfarande var doktorand, föreslog han ett verkligt experiment, som byggde på två enkla men korrelerade fotoner eftersom de sänds ut tillsammans från samma atomkälla. I hans experiment skulle de två fotonerna ha färdats i motsatta riktningar till varandra och skulle ha övervakats av två detektorer placerade på avstånd.

Idén var definitivt original. Bell, på frågan, gav sitt godkännande; men med reservationer. Först ville han verifiera att den unge fransmannen redan hade en fast lön. Faktum är att Bell trodde att Aspects idé var så bisarr att den kunde ha äventyrat hans karriär.

Efter ett långt förarbete genomförde Aspect och hans medarbetare, Jean Dalibard och Gérard Roger, två forskare vid "Institut d'Optique Graduate School", experimentet tre gånger mellan 1981 och 1982. Deras engagemang minskade inte på grund av ekonomiska svårigheter. Bland annat handgjorda de polarisatorerna som tack vare sin snabba rotation hade kunnat ge svar på placeringsfrågan. För närvarande visas dessa polarisatorer i Institut d'Optiques historiska skyltfönster, vilket gjorde det möjligt för experimenten att utföras i dess gren av Orsay. Istället ligger institutets huvudkontor i Palaiseau, på campus för "University Paris-Saclay".

Aspects arbete var framgångsrikt. Han och hans team hittade den bästa möjliga bekräftelsen på icke-lokalitet i kvantmekaniken och motbevisade bestämt alla möjliga lokala teorier om dolda variabler.

Konsekvenserna av experimenten gick långt utöver att demonstrera kvantmekanikens giltighet, men lyfte fram den grundläggande roll som intrassling spelar. Som vi har sett, i det intrasslade tillståndet tillåter observationen av tillståndet för en foton oss att veta tillståndet för den andra.

Aspects experiment hade enorm resonans och gav plats för en lång rad teoretiska och experimentella insikter om förveckling. Man kan säga att Alain Aspects experiment markerade början på Quantum Computing Science.

Figur 49 - Alain Aspect, Nobelpriset 2022. Från början av 1980-talet genomförde han experimentet som John Bell föreslagit flera gånger för att bekräfta EPR-paradoxen. Experimentet, tvärtom, bekräftade intrasslingsteorin för besläktade partiklar.

2013 fick Aspect det prestigefyllda Balzanpriset med följande motivering:

> "För hans banbrytande experiment som bekräftade kvantmekaniken, i motsats till teorier med lokala dolda variabler. Hans verk banade vägen för experimentell kontroll av intrasslade kvanttillstånd, en väsentlig del av Quantum Computing."

År 2022 fick tre fysiker, Alain Aspect, amerikanen John F. Clauser och österrikaren Anton Zeilinger Nobelpriset för att ha lagt grunden för framtiden för information och kommunikation. Deras experiment på fenomenet som kallas "kvantentanglement banade vägen för kraftfulla och mycket snabba kvantdatorer.

Bland de efterföljande experimenten är det användbart att nämna det av Wolfgang Tittel. Denna forskare tog sin doktorsexamen från universitetet i Genève, arbetade som postdoc vid universitetet i Aarhus och universitetet i Genève och började 2006 på University of Calgary (Kanada) som president för industriell forskning. Han har varit engagerad i banbrytande experiment sedan starten av kvantkommunikationsstudier tillämpade på kryptografi.

1988 genomförde han tillsammans med "Geneva Group" ett experiment med vilket han visade att avstånd inte påverkar intrassling. Ljuset skickades genom fiberoptiska kablar över avstånd på flera kilometer innan det analyserades, utan att resultaten varierade.

Tio år senare, 1998, utförde Gregor Weihs och hans team i Innsbruck under ledning av Anton Zeilinger ett experiment som förbättrades på Aspects experiment från 1982, vilket bekräftade samma resultat.

Tyvärr dog Bell oväntat 1990 av en hjärnblödning utan att kunna ta emot Nobelpriset som han just nominerats för.

Del tre. Utsikterna.

Allt är "en sak".

Om Gud skapade världen kan vi inte säga att han brydde sig mycket om att underlätta förståelsen av den.
(Albert Einstein)

Alain Aspects experiment representerade den definitiva bekräftelsen av kvantmekanikens förutsägelser, och i synnerhet av icke-determinism och icke-lokalitet.

I samband med allmän acceptans av dessa principer fanns det fortfarande några vetenskapsmän som utmärkte sig som icke-konformister och inte ville ge upp försöket att rama in kvantmekaniken i ett deterministiskt sammanhang. Jag syftar på David Bohm. Men i sin önskan att rationalisera det orationaliserbara, slutade han med att utveckla en ännu mer metafysisk, om möjligt, version av ortodox kvantteorin.

Med detta förtjänade Bohm fullt ut sin plats i vetenskapsfilosofernas Olympus.

Historien jag berättar i denna tredje del är den om en extremt ärlig och målmedveten man i sina vågade vetenskapliga teorier. Han tvekade inte att omsätta sina teorier till sociala beteenden. Detta gav honom kraftfulla antipatier närhelst han befann sig i konformistiska och politiskt trångsynta sammanhang, som de typiska för hans tid.

David Bohm

David Bohm, amerikansk fysiker och filosof, föddes den 20 december 1917 i Wilkes-Barre, en stad i USA belägen i centrum av Wyoming Valley, i Luzerne County, i nordöstra Pennsylvania.

Bohm är känd för att ha utarbetat en tolkning av kvantmekaniken där han utvecklar begreppet "pilotvågen" av Louis de Broglie och introducerar begreppet "kvantpotential".

Hans föräldrar var av judiskt ursprung. Hans far, Samuel Bohm, var en ungersk emigrant och hans mamma var från Litauen.

Hans far ägde en möbelaffär och var också engagerad i uppgiften som assistent till den lokala rabbinen, så han försörjde Davids ungdomsutbildning själv. Vid 17 års ålder, 1930, började David gå på Pennsylvania State College, där han blev bekant med kvantmekanik. Han attraherades omedelbart av detta ämne som blev föremål för hans studier. Han tog examen i fysik 1939.

David fortsatte sina studier under ledning av Robert Oppenheimer. Vi erinrade om att Oppenheimeros berömmelse framför allt är kopplad till konstruktionen av den första atombomben som en del av Manhattanprojektet. Därefter hade Oppenheimer en samvetskris och vägrade arbeta för vätebomben.

Kanske bidrog Oppenheimers lära till att vidareutveckla Bohms starka moraliska känsla för rättvisa.

Efter fortsatta studier vid CalTech (California Institute of Technology) i Pasadena skrev han in sig vid UC (University of California) i Berkeley, där han doktorerade 1943. Bohm utövade sin verksamhet som teoretisk fysiker vid de viktigaste amerikanska universiteten.

Från 1947 till 1951 undervisade han vid Princeton University samtidigt som han ägnade sig åt studier av plasma.

Plasma är en starkt joniserad gas och på det hela taget elektriskt neutral: i praktiken ett system som består av fria, positiva och negativa joner, med lika koncentrationer.

Termen "joniserad" indikerar att en signifikant stor del av elektroner har tagits bort från sina respektive atomer.

Plasma anses vara materiens fjärde tillstånd, vilket skiljer sig från de tre klassiska tillstånden, fast, flytande och gasformig. I denna mening reproducerar och kompletterar tillägget av plasma idén om de fyra elementen (eld, jord, luft och vatten), som historiskt går tillbaka till den grekiske filosofen Empedocles.

Plasma identifierades av Sir William Crookes 1879, men namnet "plasma" kommer från Irving Langmuir som myntade det 1928.

Fram till slutet av förra seklet förblev studier av plasma mer av en kuriosa, med mycket få undantag, bland vilka vi kan nämna de av Nikola Tesla om plasmaurladdningar, plasmalampor och kall plasma som används vid produktion av ozon. Efter 1920 studerade Irving Langmuir växelverkan mellan plasma och väggarna i behållaren där de bildades, och fick därmed Nobelpriset 1932.

Ett mer konkret intresse för plasma utvecklades när Genèvekonferensen "Atomer för fred" inledde studier om fredlig exploatering av kärnfusion.

I sin studie av plasma lade Bohm omedelbart märke till det speciella, typiskt för elektroner när de blir en del av ett plasma, att förlora sin "individualism" för att börja bete sig som en del av en större och sammankopplad verklighet, vilket ger intrycket av att vara animerad av en intelligens som kan samordna deras verksamhet.

Han upptäckte snart, tillsammans med sin kollega Yakir Aharonov, Aharonov-Bohm-effekten, ett kvantmekaniskt fenomen där en laddad partikel påverkas av elektromagnetiska fält i områden där sådana fält är noll.

1947 studerade Bohm elektronernas beteende i metaller. På grundval av vad han observerade för plasma, märkte han att även i metaller kan enskilda elektroners individuella rörelser producera organiserade "kollektiva" effekter.

I sin filosofiska tolkning kom Bohm att identifiera beteendet hos massor av elektroner med det hos människors samhällen. Han etablerade ett samband mellan enstaka elektroners samordnade beteende i metaller och individers beteende i deras sociala sammanhang. Enligt Bohm utgjorde plasmans typiska beteende en giltig metafor för organiserade mänskliga beteenden. Han utvecklade övertygelsen om att de största likheterna var de mellan "plasmas samhällen" och mänskliga samhällen organiserade enligt marxistiska teorier.

Figur 50 - Fysikern David Bohm föreslog en fascinerande holistisk tolkning av kvantmekaniken, som fungerade som en motpol till den ortodoxa synen som kallas "Köpenhamnstolkningen".

Dessa idéer förstärkte Bohms marxistiska ideal i hans ungdom. Men under senare år övergav han beslutsamt dessa idéer på grund av deras materialistiska grund, och föredrog att ägna sig åt en mer andlig syn på kosmos.

Resultaten av hans studier om elektronernas beteende i metaller övertygade hans gamla lärare, Oppenheimer, att inkludera honom bland de vetenskapsmän som kallades att arbeta i Los Alamos, på Manhattan Project, ett militärt forsknings- och utvecklingsprogram som ledde till skapandet av första atombomberna under andra världskriget. Tyvärr var Bohms politiska förflutna inte särskilt betryggande för tiden och general Leslie Groves motsatte sig Bohms inträde i projektet, på grund av de idéer han hade bekännt sig till i sin ungdom.

Ja, mellan slutet av 1940-talet och mitten av 1950-talet upplevde vi den maximala fasen av den så kallade "häxjakten" eller "McCarthyism". Detta var en utbredd politisk attityd i USA, kännetecknad av ett förvärrat klimat av misstänksamhet och förföljande beteende mot människor eller grupper som ansågs subversiva. Den fick sitt namn efter senator J.R. McCarthy, chef för "Kommissionen för undertryckande av oamerikanska aktiviteter".

Tusentals människor utsattes för övervakning och många drabbades av personangrepp, ofta baserade på ogrundade anklagelser.

Särskild uppmärksamhet ägnades åt regeringstjänstemän, underhållare och kulturmän och framstående medlemmar av den industriella medelklassen som stämplades som "kommunister som är engagerade i att undergräva det amerikanska samhällets grunder".

I detta klimat kallades Bohm 1948 att vittna på grund av sitt medlemskap i kommunistpartiet som ägde rum 1942 och upphörde efter bara nio månader, men han vägrade att infinna sig genom att vädja till det femte tillägget, dvs rätten att inte svara.

Efter ett år bjöds han återigen in att framträda inför storjuryn, men återigen vägrade han och vädjade till samma konstitutionella bestämmelse.

Men vid den tidpunkten var fokus på honom. 1949 arresterades han för förakt för domstolen och tillbringade några dagar i fängelse, tills han släpptes mot borgen.

1950 frikändes han. Tyvärr hade han under tiden förlorat sitt jobb vid Princeton University, vilket hade sparkat honom på grund av påtryckningar från hans långivare.

Vid det här laget fanns Bohm på "proskriptionslistan" över forskare och inte ens Einstein, som skulle ha velat ha honom som assistent, kunde erbjuda honom möjligheten. Han tvingades emigrera till Brasilien till universitetet i S. Paolo, men han var fortfarande amerikansk medborgare; därför drog USA:s ambassad tillbaka hans pass av rädsla för att han skulle åka till Sovjetunionen.

För att undvika fullständig isolering tog Bohm brasiliansk nationalitet. Detta tillät honom, 1955, att lämna Brasilien och åka till Israel i två år, till Technion Institute i Haifa. Härifrån flyttade han till

University of Bristol i Storbritannien i fyra år och slutligen, 1961, bosatte han sig permanent i London där han utnämndes till professor i teoretisk fysik vid Birkbeck College.

År 1951 publicerade Bohm "Quantum Theory", en text om kvantfysik där han analyserade tolkningen av kvantteorin och, med några idéer från EPR-tankeexperimentet, placerade han sig bland kritikerna av Köpenhamnstolkningen. Faktum är att Bohm lyfte fram de oklara aspekterna av teorin och ifrågasatte omöjligheten att utvidga slumpmässighet och determinism till kvantmekanikens objekt. Bohm, liksom Einstein, var djupt störd av ställningen hos det vetenskapliga samfundet som vid det här laget "passivt" accepterade verkligheten av obestämdhet och icke-lokalitet.

Bohm gjorde det till sitt uppdrag att återinföra en form av determinism som fungerade även i de extremt små. Han kände sig nöjd genom att ge ett exemplar av sin bok till Einstein.

Kvantpotentialen.

Heisenbergs princip säger att det inte är möjligt att fastställa banan för en partikel, såsom en elektron, eftersom det skulle vara nödvändigt att känna till dess hastighet och dess position samtidigt. Som redan nämnts består den enda möjligheten i att beräkna en vågfunktion, inom vilken partikeln intar en probabilistisk position. När en mätning görs "kollapsar" partikeln och dyker upp på en specifik plats, men mellan en mätning och en annan "försvinner" den i ett moln av sannolikheter.

Bohm förkastade uppfattningen att den sannolikhetsfunktion kan vara den bästa möjliga representationen av en partikel. Han bestämde sig därför för att undersöka hur en elektron fastställer den bana den måste färdas. Enkelt uttryckt försökte han återinföra begreppet kausalitet, eller att identifiera en exakt mekanism som kan styra partiklarna. På så sätt skulle partiklarna ha befriats från det obestämda och probabilistiska sammanhanget

Bohm utgick från Heisenbergs osäkerhetsprincip och omarbetade formeln och lade till en ny parameter, "kvantpotentialen". Med detta skapade han en ny kvantmatematik, den "bohmiska mekaniken", denna teori är fortfarande mycket diskuterad för dess metafysiska implikationer.

"Bohmisk mekanik" föreslår att partikeln inte rör sig slumpmässigt, utan som svar på en kraft, "kvantpotentialen". Denna kraft förser partikeln med information genom momentana, dvs icke-lokala, kopplingar.

För att fungera icke-lokalt måste kvantpotentialen behålla sin intensitet oavsett avstånd. Det vill säga, kvantpotentialen måste fungera på ett sätt som är motsatt det för alla andra elektromagnetiska krafter. Som bekant minskar de andra elektromagnetiska krafterna med den omvända kvadraten på avståndet.

Enligt Bohm driver kvantpotentialen elektronen på ett sätt som varken är slumpmässigt eller mekaniskt, utan intelligent. Med andra ord hävdar

Bohm att det finns ett informationsfält, tack vare vilket partikeln inte är föremål för slumpens mystiska nycker utan ständigt informeras om den omgivande miljön och får information från samma miljö. Uppenbarligen föreslår Bohm en metafysisk, rumslös och tidlös miljö.

Därför, när partiklarna rör sig i deras väg (och vi kommer ihåg att partiklarna är i konstant agitation) gör de det inte slumpmässigt utan de svarar på informationspaketet som tillhandahålls av kvantpotentialen. På så sätt återställer Bohm ett deterministiskt beteende för elementarpartiklarna, vilket dock beror på en absolut mystisk kraft.

Bohm representerar detta koncept med en av sina berömda metaforer, skeppet.

Ett fartyg (fig. 51) kan röra sig tack vare kraften i sina motorer, men styrs av navigationsinstrument, utan vilka det aldrig skulle nå en hamn och skulle riskera att krascha på något stim när som helst.

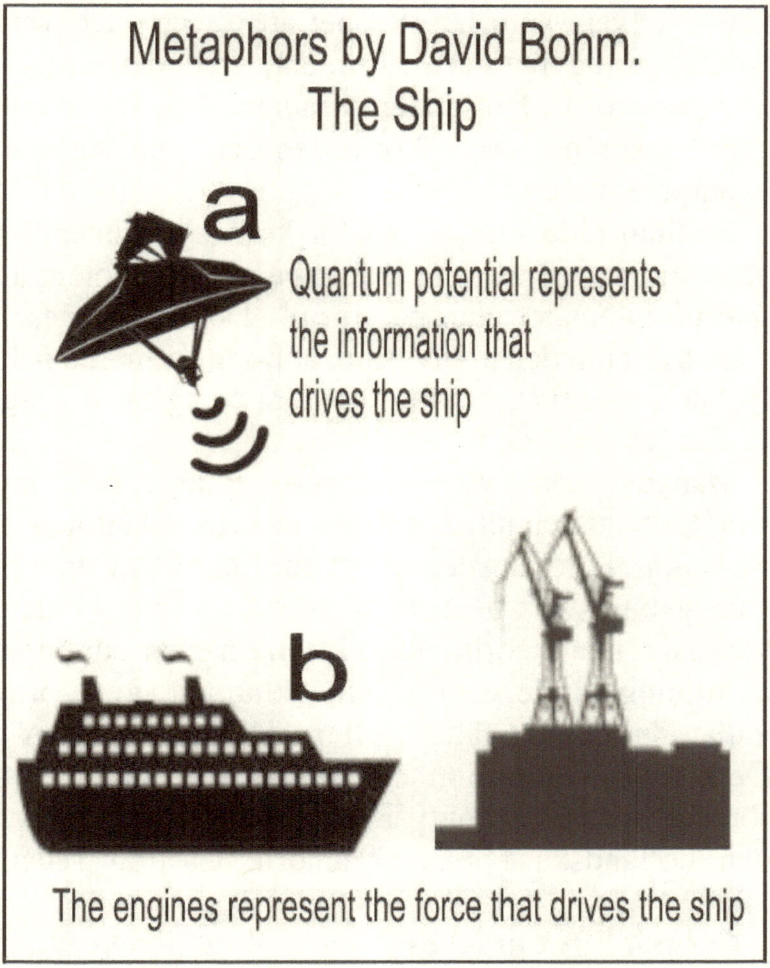

Figur 51 - I skeppsmetaforen representerar Bohm partikeln som ett skepp som drivs av den "bruta kraften" från dess motorer men styrs av instrumenteringens intelligens, d.v.s. av kvantpotentialen som kan dra på global information och överföra den till fartyg.

Metaforer av David Bohm. Fartyget

A- Kvantpotentialen representerar informationen som driver fartyget

B- Motorerna representerar kraften som driver fartyget.

Motorerna representerar kraften, vissheterna i klassisk fysik som får skeppet att röra sig i havet. Istället är navigationsinstrument, från den antika kompassen till den moderna radarn, informationen som bestämmer den säkra rutten och representerar kvantpotentialen.

En liten radarsignal, inte för kraftfull, räcker för att styra fartyget. Enligt Bohm beror kvantpotential inte på intensitet utan på "form". Det är en energi som, även om den är blygsam, är höginformerad och lyckas ge form åt motorernas stora energi, som i sig skulle vara "rå" och "formlös"...

Många konkreta element tyder på att kvantpotentialen inte bara är en teoretisk abstraktion av Bohm. Förekomsten av ett enormt hav av energi som genomsyrar hela universum förutsägs av den klassiska kvantteorin själv. Denna nästan oändliga avsättning skulle vara "kvantvakuumet", även ofta kallat "nollpunktsfältet" eller "Casimir-effekten". Denna sista definition härrör från det faktum att förekomsten av "kvantvakuum" demonstrerades av den holländska fysikern Hendrik Casimir redan 1948.

Casimir-effekten består av attraktionen som skapas mellan två kroppar placerade i ett vakuum, dvs där det inte ska finnas någon anledning till attraktion. Men eftersom attraktionen finns där betyder det att tomrummet inte är riktigt tomt. I själva verket antas närvaron av en kraft, kallad nollpunktsfältet. Detta fält uppstår från vakuumets energi, som bestäms av virtuella partiklar som kontinuerligt skapas av effekten av kvantfluktuationer, vilket förutses av Heisenbergs osäkerhetsprincip.

Således besitter vakuumet en "underliggande energi", som överskrider materiens verklighet.

Denna "kraft" sträcker sig in i alla "tomma" områden i universum. Tätheten av dess energi har uppskattats lika med ofantliga värden, som upprättar ett omåttligt obalanserat förhållande till det kosmos vi känner till och som presenteras i form av materia.

Om vi tar upp bilden av atomen kommer vi ihåg att den anses vara sammansatt nästan helt av tomhet. Tja, Casimir-effekten förutspår att det tomrummet inte är tomt, utan energi. Av detta förstår vi hur energin i vakuumet är oerhört mycket större än den i "icke-tomma". Om vi ger all denna energi förmågan att uttrycka sig i form av kvantpotential, inser vi kraften i konceptet som utarbetats av Bohm.

Observatörens roll.

Kvantmekaniken förutspår att den kosmiska verkligheten är resultatet av två faktorer. Den första faktorn är en "rå kraft" som är inneboende i materien, den andra faktorn är ett "styrsystem" som förser materien med instruktioner som kan få dess kraft att fungera intelligent.

Den första faktorn, brute force, kännetecknar den makroskopiska nivå, eller medelstor nivå, som vi lever på och som vi tolkar enligt lagarna i Newtons fysik och Einsteins relativitetsteori.

På denna nivå har observatörens roll inget inflytande. Det är faktiskt väldigt svårt att vi genom att observera ett fenomen kan modifiera dess utveckling. Vi kommer inte att kunna flytta någon stol genom att titta på den. Samtidigt, om vi inte tittar på en stol, kommer den inte att röra sig på egen hand över en rad troliga vägar.

Den andra faktorn, det vill säga vägledningssystemet, kräver att betraktaren är en del av själva fenomenet och påverkar dess utveckling helt enkelt genom att observera det. Som redan nämnts. detta händer i fallet med fotoner som beter sig som partiklar när de observeras och som vågor när de inte observeras. På subatomär nivå antar observatörens roll mycket speciella egenskaper. Observatören blir en del av ett unikt system som inkluderar både honom själv och det observerade objektet. Iakttagare och observerade blir omöjliga att skilja och utövar ett ömsesidigt inflytande som inte kan ignoreras.

Inom kvantfysiken kan vetenskapsmannen inte föreställa sig att vara en "utomstående" objektiv observatör, eftersom hans närvaro bidrar till att forma den verklighet han observerar.

John Wheeler var en amerikansk fysiker, en karismatisk figur inom fysiken på 1930- och 1940-talen; många kända fysiker inklusive Richard Feynman utbildades under hans ledning. Wheeler myntade bland annat termen "maskhål" som indikerar möjliga tunnlar eller rymdpassager mellan rymdtidens olika regioner.

Wheeler anser att observatörens inblandning i den observerade subatomära verkligheten till och med är den viktigaste aspekten av kvantfysiken, till den grad att han föreslår att eliminera termen "observatör" genom att ersätta den med "deltagare". Han uttrycker denna tro i ett berömt citat:

> "Inom kvantmekaniken är ingenting viktigare än det faktum att begreppet som förstås som "något utanför" förstörs.
>
> Detta gäller även när observatören befinner sig på ett säkert avstånd, skild från det observerade föremålet av tjugo centimeter tjocka glasplattor. När man observerar ett litet föremål som en elektron, måste observatören gå bortom glaset: han måste "gå in" för att installera den mätanordning han valt. Observatören måste välja om han vill mäta position eller momentum. Att installera enheten för att mäta en av de två kvantiteterna hindrar honom från att installera en annan enhet för att mäta den andra kvantiteten.
>
> Vidare ändrar mätningen tillståndet för elektronen. Efter mätningen är universum inte längre sig likt. För att beskriva vad som hände måste det gamla ordet "observatör" tas bort och ersättas med den nya termen "deltagare". På ett sätt är universum ett deltagande universum."

Ingen fragmentering.

Enligt Bohm är subatomära partiklar, tack vare kvantpotentialen, nedsänkta i ett "formfält". Från detta fält får partiklarna all information som behövs för att bestämma hur de ska röra sig hela tiden.

Men eftersom den makroskopiska nivån är sammansatt av ett nästan oändligt antal subatomära partiklar, är varje levande varelse föremål för ett formfält som i varje ögonblick föreslår varje partikel i sin kropp koordinaterna för dess mikroskopiska rörelser.

Skillnaden mellan de två faktorerna (makroskopisk och mikroskopisk) är att den första behöver utrymme och tid för att utveckla sig själv, d.v.s. den har lokala egenskaper, medan den mikroskopiska faktorn, d.v.s. drivsystemet, varken behöver utrymme eller tid och därför existerar i en dimension kallas "icke-lokal". Styrsystemet är uttrycket för en "oändlig" belägen utanför rum och tid. Ledningssystemet producerar inte information genom att ta emot den från en exakt plats, utan besitter den i en "universell helhet", ett slags "spatial förkammare" som innehåller universums medvetande.

I samband med Bohms mekanik är partiklarna i ett system "icke-lokalt" sammankopplade med kvantpotential. Detta händer oavsett hur långt ifrån varandra de är. Den mest omedelbara konsekvensen är observationen att det inte finns några separata och oberoende objekt, utan allt är sammankopplat för att bilda en enda sak.

Dessutom, som vi redan har sett, finns det ingenting "utanför" om oss, som vi kan observera från utsidan. Vi är själva en aktiv del av helheten. Kvantmekaniken manifesterar ett totalt sammankopplat universum. Det är en verklighet som vi inte kan bryta ner i elementära delar utrustade med ett självständigt liv. Genom att studera materiens intimitet kommer vi att förstå att partiklarna som den består av inte representerar de grundläggande byggstenarna i den mening som Demokritos avsåg. Partiklarna är rena idealiseringar, studiehypoteser som kan ge ideala representationer av en verklighet som är omöjlig att representera. Partiklar är faktiskt konventionella abstraktioner.

I verkligheten finns det en kosmisk sammankoppling som består av probabilistiska vibrerande energier, som inte kan placeras exakt i rymden som vi förstår det. Om meriter uttrycker sig Bohm således i uppsatsen skriven tillsammans med Basil Hiley för tidskriften "Foundation of Physics", publicerad 1975 med titeln "On the intuitive understanding of nonlocality as implied by quantum theory":

> Vi har störtat den vanliga klassiska uppfattningen enligt vilken de oberoende "elementära delarna" av världen är den fundamentala verkligheten, och de olika systemen endast är speciella och

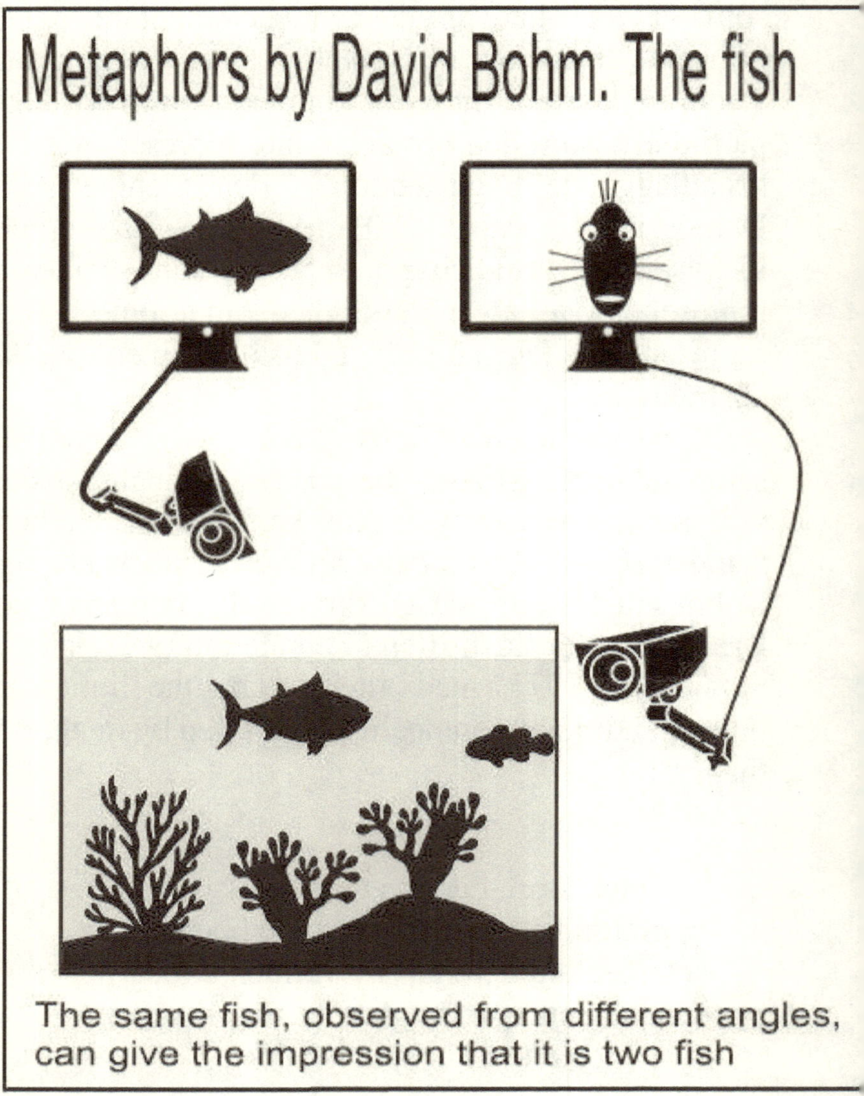

Figur 52 - Bohms metafor om kvantöverlagring.
Metaforer av David Bohm. Fisken.
Samma fisk, sett från olika vinklar, kan ge intrycket att det är två olika fiskar.

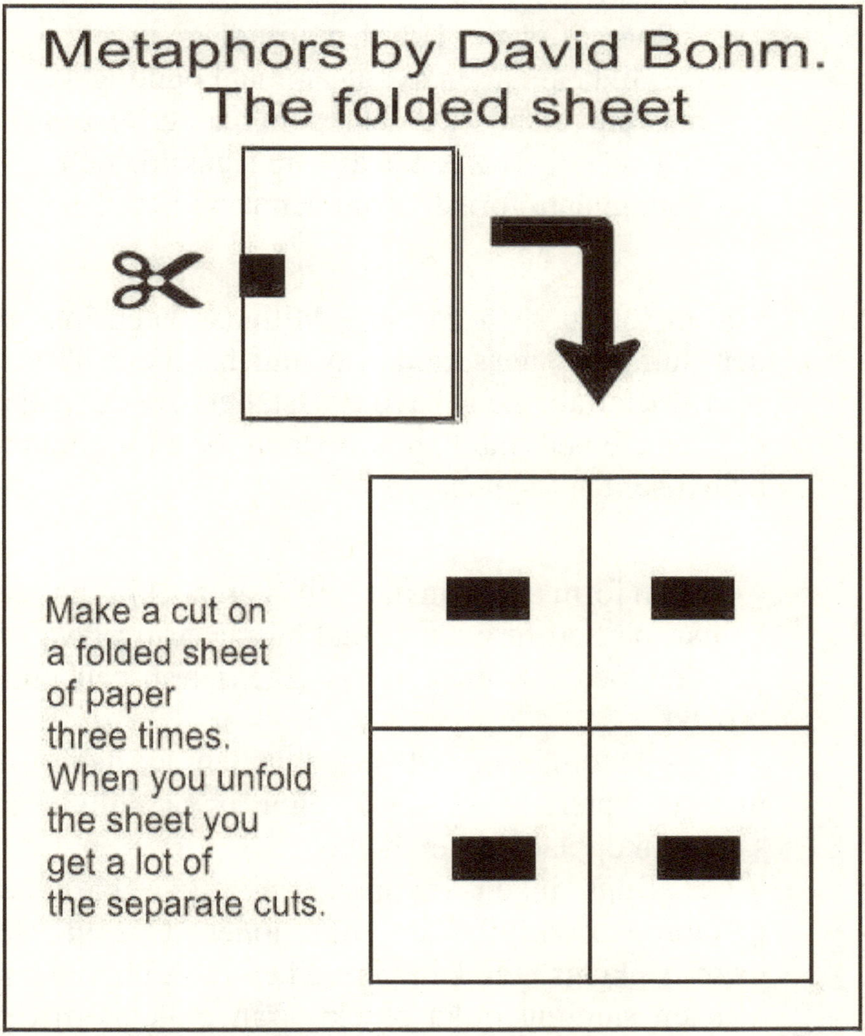

Figur 53 - De många hålen som visas på det ovikta arket är i verkligheten resultatet av ett enda snitt.

Metaforer av David Bohm. Det vikta pappersarket.

Gör ett snitt på ett pappersark vikt tre gånger.

När du viker ut arket får du många separata snitt.

kontingenta former och arrangemang av dessa delar,

Snarare säger vi att den grundläggande verkligheten är en kvantsammankoppling av hela universum. De delar som har ett relativt självständigt beteende är bara särskilda och kontingenta former inom denna helhet.

Som för att säga att kung Milindas vagn inte är den slumpmässiga summan av hjul, axlar och hästar, som materialismen hävdar. Istället är de olika delarna element intelligent utvalda för att utgöra en helhet som är vagnen.

Vilken form axeln än har, vilket antal ekrar hjulen än har, oavsett färg eller antal hästar, är irrelevanta detaljer med avseende på "vagnens transcendenta projekt".

På subatomär nivå löses objekten i vilka fast materia materialiserar sig i vågor av sannolikheter sammankopplade till en helhet.

Det finns ingen fragmentering, utan bara ett unicum som kryllar av vibrationer. Om vi bär kvantfysikglasögon kan vi inte längre se universum som en samling olika objekt, från pollenkorn till galaxer, väldefinierade och skilda från varandra. Det som framstår för oss är ett enormt nätverk av energier som är relaterade till en helhet som också inkluderar oss själva.

I uppsatsen "S-matrix interpretation of Quantum Theory" säger den amerikanske fysikern Henry Pierce Stapp:

> "Världen framstår som en komplicerad väv av händelser, där olika typer av sammankopplingar alternerar, överlappar och kombineras, vilket bestämmer helhetens struktur".

Metaforen om fisken som är tagen från olika vinklar (fig. 52) beskriver utmärkt begreppet enligt vilket, även om det uppenbarligen finns olika manifestationer av ett föremål, så att de får en att tro att de är flera distinkta föremål, faktiskt de är enbart ett objekt.

"Den underförstådda ordningen" och "den explicita ordningen".

"På en mycket djup nivå är materia och medvetande helt oskiljaktiga och sammankopplade, precis som i ett videospel förenas spelaren och skärmen genom att delta i en gemensam process. I detta synsätt är sinne och materia två aspekter av en "helhet" som är "en". "Sinne och materia" är inte mer åtskiljbara än "form och innehåll". På mycket djupa nivåer är mänsklighetens medvetande ett.

(David Bohm)

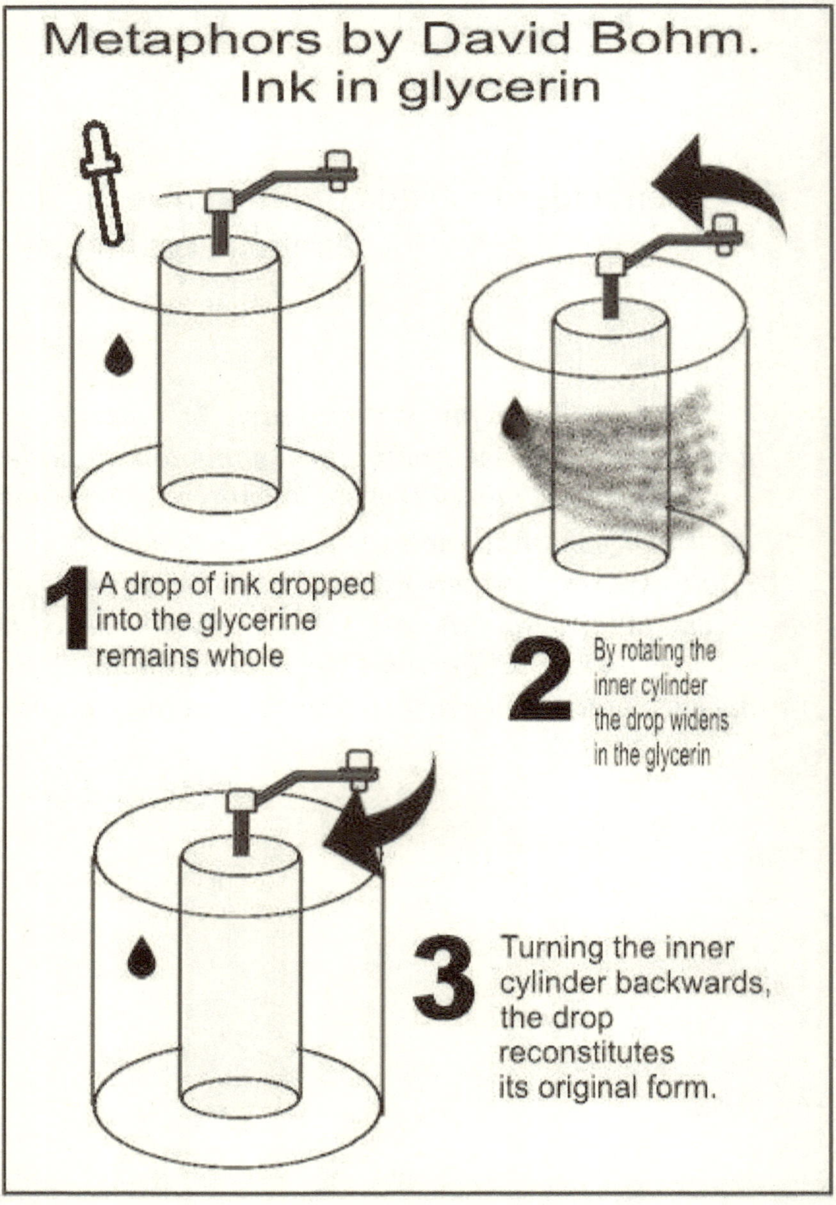
Metaphors by David Bohm.
Ink in glycerin
1 A drop of ink dropped into the glycerine remains whole
2 By rotating the inner cylinder the drop widens in the glycerin
3 Turning the inner cylinder backwards, the drop reconstitutes its original form.

Figur 54 - David Bohms metafor av en droppe bläck dispergerad i glycerin.

Metaforer av David Bohm. Bläcket i glycerinet

1 En droppe bläck som droppats i glycerin förblir hel

2 Genom att rotera den inre cylindern expanderar droppen i glycerinet

3 Genom att vrida den inre cylindern i motsatt riktning återskapar droppen sin ursprungliga form.

I sina studier om plasma hade Bohm fascinerats av hur, i en ytlig situation av skenbart kaos, ordning från ett djupare lager plötsligt kunde uppstå. Denna erfarenhet slog honom till den grad att den gjorde den till ett utmärkande inslag i alla hans studier. Var och en av hans intuitioner utgick från möjligheten att ett fenomen kunde förstås i dess mest intima konnotationer utgående från antagandet om existensen av en underliggande, eller implicit, "regulatorisk intelligens".

Detta fick honom att teoretisera existensen av en ordning som överskrider tid och rum, inneboende i verklighetens djupaste veck, som han kallade "implicera ordning" eller "omsluten ordning". Bohm antog att denna ordning inte bara existerade i elementarpartiklarnas värld, utan i hela universum. Den underförstådda ordningen, typisk för den mest dolda delen av kosmos, står i motsats till den "förklarliga ordningen".Detta är ordningen av saker som vi ser dem, eller som de framstår för oss i vår erfarenhet.

Bohm hade de första intuitionerna om existensen av en underförstådd ordning när han drömde om ett universum bestående av ett oändligt antal sfäriska speglar, som reflekterade varandra. Han föreställde sig materia som sammansatt av atomer där varje atom, som en spegel, reflekterar oändliga reflektioner.

Metaforen i figur 53 illustrerar vilket samband som kan finnas mellan den underförstådda ordningen och den explicerade ordningen. Föreställ dig att vika ett pappersark i tre eller flera delar. Med saxen öppnar vi ett enda fönster var som helst på arket. Det kommer att räcka för oss att vika ut arket för att lägga märke till förekomsten av många små fönster, separerade från varandra rumsligt: denna separation är helt illusorisk om vi betraktar det vikta arket, men det förklaras för våra sinnen som en summa av små fönster när vi viker ut lakanet. Uppenbarligen representerar det vikta pappersarket den underförstådda ordningen, medan det ovikta pappersarket representerar den explicerade ordningen.

Bohm älskade att utveckla metaforer för att stödja sina teser. När det gäller den underförstådda och explicerade ordningen föreställde han sig en underförstådd dimension som innehåller verklighetens information i en form som inte är begriplig för våra sinnen, men som kan förklara sig själv i former och sätt som är förståeliga för oss. Men vår förståelse stämmer inte överens med verkligheten.

I metaforen för TV-signalen (fig. 55) är den underförstådda ordningen uppbyggd av radiofrekvenser, osynliga och obegripliga för oss, som sträcker sig in i etern och kan fångas upp av en antenn. När radiofrekvenser överförs till den mottagande enheten utvecklas de på ett sätt så att våra ögon och öron kan förstå dem. Naturligtvis är det vi ser på skärmen bara omvandlingen till former och färger av en verklighet som består av frekvenser som vi inte skulle kunna tyda..

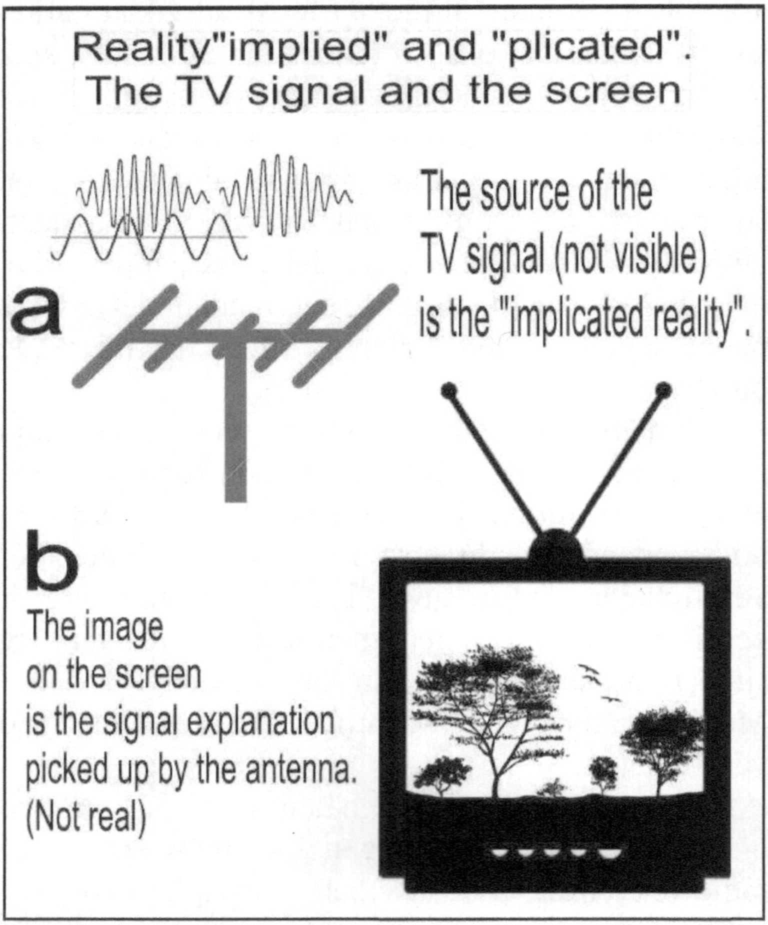

Figur 55 - Den "förklarliga verkligheten" är bara en overklig tolkning av signalerna som tas emot från en extern källa genom antennen.

"Underförstådd" och "förklarad" verklighet.

TV-signalen och skärmen

a - Källan till TV-signalen (ej synlig) är den "underförstådda verkligheten".

B - Bilden på skärmen är förklaringen till signalen plockas upp av antennen

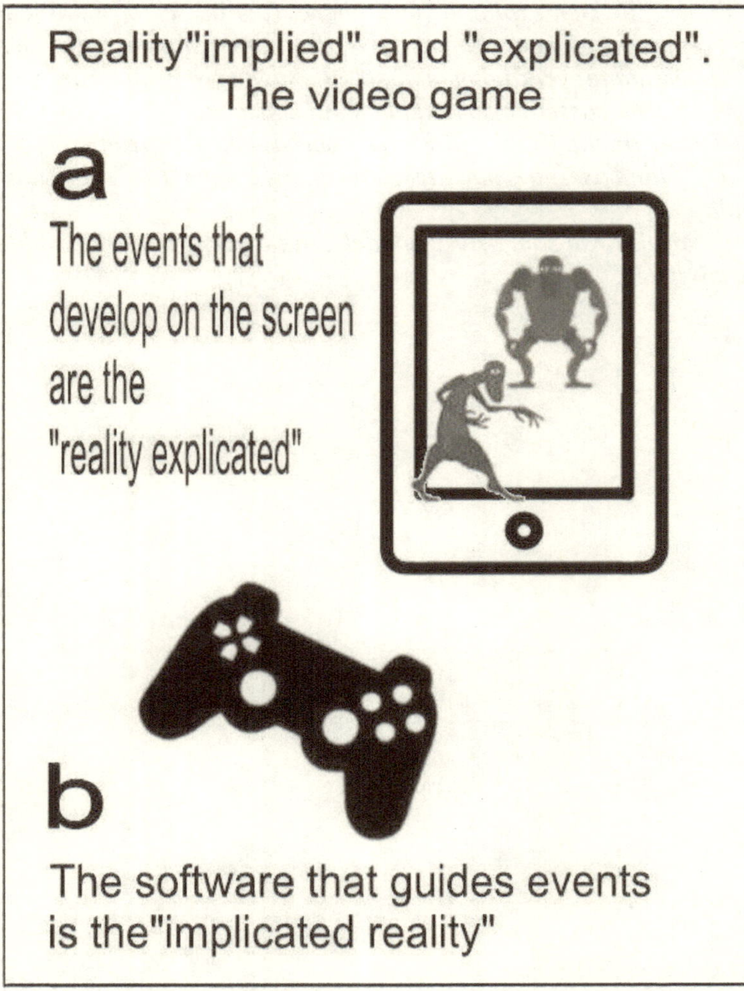
Reality"implied" and "explicated".
The video game
a
The events that
develop on the screen
are the
"reality explicated"
b
The software that guides events
is the"implicated reality"

Figur 56 - Den explicita verkligheten (det du ser på skärmen) är representationen, anpassad till våra sinnen, av den underförstådda verkligheten, det vill säga programvaran som kommer från kassetten som laddats in i konsolen.

"Underförstådd" och "förklarad" verklighet. Tv-spelet

a - Händelserna som utvecklas på skärmen är "explicated reality"

b - Mjukvaran som driver händelserna är den "underförstådda verkligheten"

Ännu mer passande, om möjligt, är videospelsmetaforen (fig. 56) där en intelligens främmande för vår miljö och vårt samvete, det vill säga programvaran som kommer från kassetten som är insatt i konsolen, skapar för oss en illusion av en fantastisk värld med som vi kan interagera som om vi verkligen var nedsänkta i det medan det i verkligheten är en ren illusion.

En annan metafor förutser att de två ordningarna kan illustreras genom att arrangera enheten i figur 54 som förklarades av Bohm själv under en intervju som gavs till sajten "oubliettemagazine.com"*:*

> "Medan jag funderade på det "inblandade universum", visade ett vetenskapsprogram på BBC en apparat som illustrerar konceptet väl.
>
> Den består av två koncentriska glascylindrar. Bland dem finns en trögflytande vätska, såsom glycerin. Om en droppe olösligt bläck placeras i glycerin och den yttre cylindern roteras långsamt, kommer bläckdroppen att bilda ett spår. Slutligen blir leden så diffus att den nästan blir osynlig. I det ögonblicket verkar det inte finnas någon ordning närvarande.
>
> Men om du sakta roterar cylindern bakåt återgår glycerinet till sin ursprungliga form och plötsligt syns bläckdroppen igen. Bläckdroppen som spreds i glycerinet rekonstitueras tack vare den omvända rotationen."

Vi har två koncentriska glascylindrar, varav en kan rotera långsamt. Utrymmet mellan de två cylindrarna är fyllt med en trögflytande vätska såsom glycerin. När en cylinder roteras svepas den närliggande vätskan med den. Men anta att den rörliga cylindern nu roteras i motsatt riktning. Om vätskan är mycket trögflytande, såsom glycerin, och cylindern inte roteras för snabbt, kommer vätskeelementet att gå tillbaka sina exakta steg för att återskapa den ursprungliga bläckdroppen.

Denna metafor lär ut att det finns en dold ordning även i uppenbart kaos. När formen på bläckdroppen löser sig utom synhåll, förstörs inte dess ordning utan förblir underförstått i glycerolet. Denna upplösta droppe bläck representerar den underförstådda ordningen, medan hela droppen representerar den explicerade ordningen, det vill säga verkligheten som den ser ut för våra sinnen. Cylinderns rotation spelar en avgörande roll och representerar den dynamik som förenar de två ordningarna. I den böhmiska utarbetandet tar denna dynamik namnet "holomovement".

Ett gigantiskt kosmiskt hologram.

Termen hologram identifierar generellt tredimensionella bilder, och i synnerhet stereoskopiska, det vill säga de som framträder med olika perspektiv beroende på observationspunkten. Därför är ett hologram en tredimensionell representation av verkligheten, och skulle kunna jämföras med ett normalt fotografi, om fotografiet inte var tvådimensionellt. Genom att fotografera ett objekt med de klassiska metoderna kommer du att kunna se det igen endast i den del som har ramats in av linsen. Om du fotograferar en person framifrån kommer du alltid att se deras ansikte men du kommer aldrig att kunna se deras hals. Omvänt kommer ett hologram att returnera den tredimensionella bilden av scenen som tagits, där objekt och människor kommer att se ut som om de var placerade i mitten av en scen.

Hologram erhålls med speciella tekniker. Inspelning sker via en laserstråle som sänds både mot föremålet som ska reproduceras och mot en platta av känsligt material.

Tack vare ett spel med speglar stör ljuset som kommer från källan det som reflekteras av föremålet. Som ett resultat av detta bildas linjer på plattan, så kallade interferensfransar. Med enklare ord visas inte bilden av det fotograferade föremålet på plattan, utan en härva av linjer som innehåller information om tredimensionalitet.

Naturligtvis kan den inspelade bilden återges med enastående precision, helt enkelt genom att belysa plattan med en annan laserstråle. Denna stråle lyckas i själva verket avkoda informationen genom att rekonstruera den tredimensionella bilden av det avbildade objektet, som ser ut för betraktaren som om det vore fysiskt närvarande.

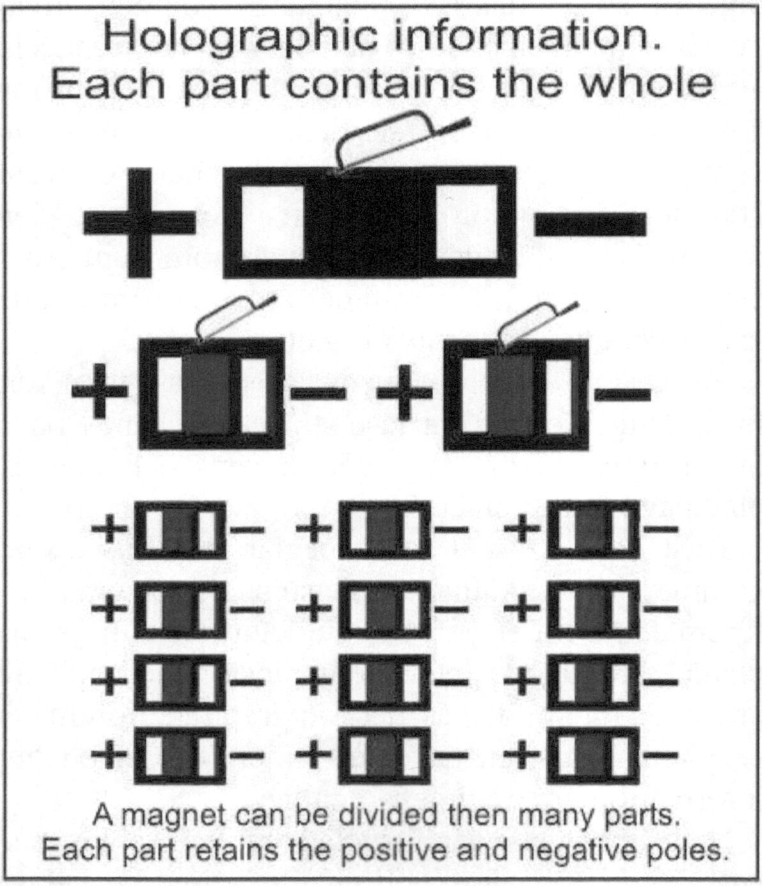

Figur 57 - En magnet kan representera en holografisk verklighet. Om magneten bryts i valfritt antal delar, behåller varje del egenskaperna hos helheten.

Holografisk information. Varje del innehåller helheten

En magnet kan delas upp i många delar. Varje del behåller den positiva och negativa polen.

Idag finns även tryckta hologram, där diffraktionsgittret återges på ett transparent plaststöd, som i sin tur vilar på ett silverskikt. Vi kan se liknande hologram, till exempel på vissa kreditkort.

Ett hologram har en mycket intressant egenhet, som tydligt skiljer det från ett normalt foto där informationen kristalliseras på papper. Om du skär ett fotografi i två delar och slänger en del, kan informationen som finns där anses vara permanent förlorad. Du kommer aldrig att kunna rekonstruera, från den överlevande halvan, innehållet i den saknade, utom genom intuitiv approximation.

Omvänt kan ett hologram delas upp i så många delar som önskas, och varje del kommer att behålla den totala informationen.

Bohm föreslår metaforen för magneten (fig. 57). Detta föremål, vanligtvis kallat en magnet, är en metallkropp som genererar ett magnetfält som är osynligt för det mänskliga ögat, och som producerar universellt kända effekter: det kan attrahera eller stöta bort andra magneter, såväl som, naturligtvis, järnhaltiga material. Magneten har två poler som kallas norr och söder. Om magneten får snurra fritt är nordpolen den som är vänd mot norr. Naturligtvis, i andra änden är Sydpolen.

Man skulle kunna tro att man genom att såga magneten i mitten får två delar, den ena med endast nordpolen och den andra med endast sydpolen. Det är inte så. Var och en av de två sidorna återskapar omedelbart den saknade polariteten. Du kan dela upp en magnet i hur många delar du vill; i vilket fall som helst, hur liten den är, kommer varje del att ha en nordpol och en sydpol, d.v.s. varje del kommer att behålla all information från den ursprungliga magneten från vilken den erhölls intakt.

Att skära ett hologram i två, tio, hundra eller tusen delar, samma sak händer. Varje del behåller all information om matrisen som den kommer ifrån.

Dessutom har ett hologram en otrolig kvantitativ lagringskapacitet: det räcker med att ändra vinkeln vid vilken två laserstrålar påverkar filmen för att ackumulera miljontals miljarder information i en enda kubikcentimeter utrymme.

Analogin med det "inblandade universum" är uppenbar: även här är varje del sammankopplad med alla de andra som bildar en enda sak, och i detta nätverk av anslutningar innehåller även den minsta delen, såsom en enda partikel, den globala informationen.

Eftersom informationen om hela kosmos kan kännas igen i den minsta partikeln, antar den bohmiska teorin holografiska egenskaper och universum, uppfattat som en implicerad och explicit ordning, kan föreställas som ett enormt hologram.

Det holografiska universum.

Det mest häpnadsväckande med den holografiska modellen var att den plötsligt gav mening till ett brett spektrum av oklara fenomen, som till exempel betraktas utanför vetenskapens ramar. Dessa inkluderar telepati, precognition, mystiska känslor av enhet med universum och till och med psykokinesis, eller sinnets förmåga att flytta materiella föremål utan att någon rör dem."
(Michael Talbot, "Allt är ett")

Bohms intuitioner tog snart en exakt riktning, den av ett universum föreställt som ett gigantiskt hologram. Det var emellertid nödvändigt att med nödvändighet ta hänsyn till det faktum att universum inte är en statisk verklighet utan en dynamisk sådan, en ofantlig följd av levande energier och upprörd materia; i själva verket är ingenting i det subatomära universum statiskt, som vi har sett när vi beskrev atomen.

Således myntade Bohm den nya termen "holomovement". Universum, i den böhmiska föreställningen, är en enorm holorörelse där varje del, även den minsta, innehåller all historia och kosmisk intelligens när de utvecklas i tid och rum.

Just därför att det "inblandade" universum innebar alla fysiska universum och deras tillblivelse till våra sinnen, känner det resulterande hologrammet inte ens till begreppet statisk utan utgör en evig rörelse av "implikation" och "explication".

Den underförstådda ordningen innehåller i sig själv varje tid, dåtid, nutid och framtid, och varje plats. Tid och plats, som i den explicerade ordningen (det vill säga i vår erfarenhet och förståelse) utvecklas i separata verkligheter, är ett i den underförstådda ordningen.

Holorörelsen gör det möjligt för den underförstådda ordningen att innehålla alla mångfalden av den explicerade ordningen. I en intervju förklarar Bohm holorörelsen med dessa ord:

"Samma implicerade ordning har upptäckts i den komplexa rörelsen av elektromagnetiska fält i form av ljusvågor. En sådan rörelse av ljusvågor finns överallt och omfattar hela universum av rum och tid i varje region. Denna inneslutning och utveckling sker inte bara i rörelsen av det elektromagnetiska fältet utan också i andra fält som lyder kvantmekanikens lagar som innebär diskontinuitet och icke-lokalitetsegenskaper. Helheten i stängnings- och öppningsrörelsen kan gå oerhört mycket utöver vad som har upptäckts under våra observationer. Vi kallar denna helhet för "holomovement".

I samma intervju säger Bohm igen:

"Jag föreslår något i stil med detta: Föreställ dig ett oändligt hav av energi som fyller tomrum, med vågor som rör sig genom det, ibland samlas och producerar en intensiv pulsering. Vi säger att en viss impuls samlas och expanderar och skapar vårt universum av rum-tid och materia. Fler av dessa impulser kan hända. För oss ser denna impuls ut som en Big Bang; i ett större sammanhang är det en liten våg. Allt framgår av utplaceringen i "holorörelsen". Allt viks tillbaka på sig självt i den implicerade ordningen. Jag kallar processen att vika eller stänga för "implicerande". Omvänt kallar jag processen för att utvecklas eller öppnas "förklarande". Implikatet och explikatet är en flytande och odelad sak. "

Bohm fullbordar sedan sin vision av universum på ett utsökt mystiskt sätt genom att föreställa sig, som i en matryoshka, mycket långa teorier om underförstådd verklighet som ligger bakom andra, tills han når en "superimplicerad ordning", dvs ett "kosmiskt sinne". Enligt Bohm upplever detta sinne kreativt i sig de högre ordens aktivitet. Varje levande varelse deltar medvetet i helheten genom att ge helheten en mening. Utan levande varelsers medvetande skulle universum vara ofullständigt. Tack vare varje levandes deltagande fortsätter det "kosmiska sinnet" mot medvetenhet och självkännedom..

Karl Pribram

Karl Pribram föddes i Wien 1919 och avslutade sitt liv 2015. Han var neurokirurg, professor i psykiatri och psykologi vid olika amerikanska universitet, bland annat Stanford och Georgetown Universities.

Hans viktigaste studier rör den mänskliga hjärnan och nervsystemet: i synnerhet har han hjälpt till att definiera det limbiska systemets natur och förhållandet mellan det och frontala cortex.

Det kommer att verka konstigt att vi pratar om det i detta sammanhang, tillägnat de allra flesta till fysiker eller filosofer, men det finns en mycket specifik anledning. I själva verket är Pribram främst känd för utvecklingen, i samarbete med David Bohm, av den så kallade "holonomiska modellen av hjärnan" även känd som "Pribram och Bohms holografiska modell" eller som ett "holografiskt paradigm".

Med den här modellen teoretiserade Pribram att informationen, och därmed även de minnen som lagras i vår hjärna, inte är "inspelade" i neuronerna, utan är resultatet av störande vågmönster (mönster). På så sätt förklarar han hjärnans förmåga att lagra en enorm mängd information på ett relativt litet utrymme.

Pribram trodde att minnen lagras i nätverket av nervimpulser som flätas samman i hela hjärnan, precis som laserstrålar skär varandra på film som innehåller en holografisk bild och tillåter, beroende på vinkeln, att avslöja enorma mängder information

.

Figur 58 - Karl Pribram anlände, oberoende av Bohm, för att utveckla konceptet holografiskt sinne.

I sina neurokirurgiska studier hade Pribram, liksom Bohm, kommit till slutsatsen att minnets funktion var mer begriplig genom att betrakta den som en holografisk verklighet. Naturligtvis mognade de båda sina övertygelser på helt olika vägar. Bohm formulerade sin teori efter sina studier i kvantfysik, medan Pribram blev övertygad om en holografisk verklighet på grund av de många, ibland oöverstigliga, svårigheterna att förklara vissa neurofysiologiska frågor.

På 1970-talet undersökte Pribram hypotesen om en holografisk verklighet, utgående från principen att vår hjärna bearbetar signalerna från ögonen för att representera en medierad verklighet, liknande ett hologram.

Eftersom hans son var fysiker tänkte han vända sig till honom för att jämföra några idéer, men sonen rådde honom omedelbart att kontakta David Bohm, som förvisso var den lämpligaste personen. Pribram gjorde det, och från deras möte föddes en stensäker identitet av åsikter om möjligheten att universum var en holografisk verklighet.

I sin bok "Holographic universe: The Revolutionary Theory of Reality" beskriver Michael Talbot således frukterna av mötet mellan de två forskarna:

> "Tillsammans ger Bohms och Pribrams teorier ett djupgående nytt sätt att se på världen. Våra hjärnor konstruerar objektiv

verklighet matematiskt och tolkar frekvenser som i slutändan är projektioner från en annan dimension, en djupare existensordning bortom rum och tid: hjärnan är ett hologram gömt i ett holografiskt universum.

Pribram menar att denna syntes gjorde honom medveten om att den objektiva världen inte existerar, eller åtminstone inte i den mening vi är vana vid att tro. Det som existerar "där ute" är ett stort hav av vågor och frekvenser, och verkligheten framstår som konkret för oss bara för att våra hjärnor kan omvandla denna otydliga holografiska form till de grundläggande byggstenarna och välbekanta föremålen som utgör vår värld. (...)

Vi har två väldigt olika aspekter av verkligheten. Vi kan se oss själva som materiella kroppar som rör sig genom rymden. Annars kan vi se oss själva som en suddig bild av interferensmönster gömda genom hela det kosmiska hologrammet.

Bohm menar att denna andra uppfattning är mer korrekt. "

Finns verkligheten eller inte??

Att kombinera Pribrams holografiska hjärnmodell med Bohms holorörelseteori ger ett överraskande resultat. Om verkligheten, i den konkrethet vi uppfattar, är illusion, och allt som existerar är inget annat än en massa av frekvenser och vibrerande energier, vad återstår? Om hjärnan inte är något annat än ett hologram som avkodar de mottagna frekvenserna och omvandlar dem till sinnesförnimmelser, existerar verkligen objektiv verklighet?

Svaret bör vara: nej, "objektiv verklighet" existerar inte, vilket intygar det som alltid har stötts av österländska filosofier, enligt vilka världen bara är en illusion.

Inte nog med det: med detta svar rehabiliterar vi också de alltför hastigt hånade teorierna från många västerländska filosofer, som George Berkeley, enligt vilken alla föremål som vi tror existerar inte har någon kropp. Objekt är bara idéer som våra sinnen överför till hjärnan. I hjärnan är dessa idéer konfigurerade och klädda med ett falskt intryck av materialitet.

Pribrams holografiska paradigm och Bohms holorörelse leder till slutsatser som många bestrider, men många andra anser vara den mest exakta beskrivningen av verkligheten som är möjlig hittills.

Vart är vi på väg.

"Du måste förstå hela livet, inte bara en del av det. Det är därför du måste läsa, det är därför du måste titta på himlen, det är därför du måste sjunga och dansa, och skriva poesi, och lida och förstå, för allt detta är livet.
(Jiddu Krishnamurti)

Vi lever i en privilegierad era där en synkronitet av kosmiska dimensioner vägleder oss mot oanade mål. När vi nått dessa mål kommer det att hända att ande och materia, slutligen täckta med samma värdighet, kommer att kunna involvera hela mänskligheten i kunskap och möjligheter som än idag framstår som obegripliga och ouppnåeliga. Denna synkronitet vägleder oss i övergången mellan den grå materiens era och den lysande andens.

Ett viktigt första steg har redan tagits med materialismens nederlag, trots att det även idag finns platser, institutioner och människor som inte ger upp med att göra det till det primära antagandet för sin intellektuella övning, förmodligen för att skydda privilegierade positioner eller intressera.

Vid det här laget är de materialistiska teorierna totalt föråldrade inom de mest avancerade vetenskapliga områdena. Vi börjar undra om vi verkligen bara är "slumpmässigt sammansatta maskiner", eller om vi inte har ett "medvetande" som kan forma universum som innehåller oss.

I detta sammanhang blir en fråga som fram till förra århundradet begränsades till metafysikens dunkla område, extremt aktuell och börjar plåga de mest upplysta vetenskapsmännens sinnen: är det vi som skapar vår verklighet?

Studiet av själen blir en del av fysiken.

Fram till förra århundradet var varje diskurs om själens existens begränsad till den teologiska eller filosofiska sfären. Nu har frågan överraskande nog blivit en del av den teoretiska fysikagendan, fast placerad överst på listan över olösta men värda ytterligare studieämnen.

Särskilt fysikern Henry Pierce Stapp genomför studier som deklamerats med viss betoning på nätet genom titlar liknande denna: "Henry Stapp vill bevisa själens existens" (Henry Stapp vill demonstrera själens existens). I sanning vill Stapp inte så mycket demonstrera själens existens, utan snarare att den, uppfattad som den levande varelsens medvetenhet, inte kan ignoreras. Själen, det vill säga samvetet, måste bli en aktiv och inflytelserik variabel i de ekvationer och formler som beskriver universums funktion.

Stapp föddes 1928 i Cleveland, Ohio, USA. Han doktorerade i partikelfysik under ledning av Nobelpristagarna Emilio Segrè och Owen Chamberlain vid University of California, Berkeley. Han är känd för sitt arbete inom kvantmekanik, särskilt utvecklingen av axiomatisk S-matristeori; han har publicerat, bland annat, många artiklar relaterade till de icke-lokala aspekterna av kvantmekaniken och Bells teorem.

1958 blev han inbjuden av Wolfgang Pauli till ETH Zürich för att personligen arbeta med honom med grundläggande problem inom kvantmekaniken. Från 1969 var han direkt medarbetare till Werner Heisenberg vid Max Planck-institutet i München. Sedan 1976 arbetade han med John Wheeler. Det är en akademisk karriär som alltid genomförs på högsta nivå.

Henry Stapp. Kvantteori och fri vilja.

2017 publicerade Stapp boken "Quantum Theory and Free Will. How Mental Intentions Translate into Bodyly Actions".

Den här boken förklarar, i enkla men exakta termer, hur ortodox kvantmekanik fungerar och visar hur denna teori, realistiskt tolkad, tilldelar våra medvetna och fria val en viktig roll. Stapp utgår från principen att traditionell biologi och neurovetenskap fortfarande har väsentligen misslyckade klassiska föreskrifter om att mentala avsikter inte påverkar materiens beteende. Den visar hur kvantmekaniken ger en rationell grund för en bättre förståelse av sambanden mellan medvetande och beteende, och tillåter också en förklaring av vissa fenomen som för närvarande anses "paranormala". Dessa idéer har viktiga implikationer för att förstå oss själva och våra tankeprocesser, och därmed också för meningen med våra liv.

I boken tar Stapp upp en av de svåraste frågorna någonsin, den om fri vilja. Det är ett begrepp som "Treccani Encyclopedia" definierar enligt följande:

> Fri vilja. Uttryck som används för att indikera människans frihet, vars handlingar inte bestäms av överordnade krafter (övernaturliga eller naturliga), utan härrör från hennes autonoma val.
>
> Uttrycket föddes på grund av kristna teologiska diskussioner, i relation till

förenligheten mellan gudomlig allmakt och allvetande och mänsklig frihet. Humanismens och renässansens huvudpersoner stödde särskilt tesen om fri vilja med särskild värme.

Ur religiös synvinkel är det mycket svårt att förena den fria viljan med idén om en allvetande Gud: om Gud redan känner till framtiden och därför vet hur människan kommer att agera, kan människan då anse sig vara fri att göra val?

Låt oss lägga religion åt sidan för ett ögonblick, eftersom det är ett personligt och icke-objektivt begrepp och att även troende från olika religioner ofta befinner sig i oenighet om det.

Vetenskapen fortsätter som vi vet med sina metoder som vi kan definiera som objektiva: den utför experiment, från vilka den drar konkreta slutsatser. Om de experimentella resultaten bekräftar hypotesen på ett obestridligt sätt blir detta en fysisk lag, annars kan domen förnekas eller skjutas upp.

När det gäller fri vilja har ingen någonsin kunnat hävda att det är en giltig lag. Det har faktiskt aldrig varit möjligt att påvisa att det, genom att undersöka en viss situation flera gånger, alltid ger samma resultat.

Med utgångspunkt från denna vetenskapliga grund kan vi formulera ett bredare resonemang, kopplat till vissheten om att människan är uppbyggd av atomer och partiklar.

Vi vet att atomer är i evig agitation, och vi vet att, som en del av denna rörelse, tenderar de att aggregera med andra atomer. Men en sak vet vi inte: varför attraherar atomer varandra och aggregeras? Med vilken kraft förenas tre atomer (två av väte och en av syre) för att bilda en vattenmolekyl? Finns det ett "samvete" som leder dem att utföra just denna extremt användbara form av aggregering, snarare än de många andra möjliga?

Faktum är att atomen inte borde ha ett medvetande, därför borde den inte kunna bestämma "medvetet" vilken typ av aggregering som ska utföras. Dessutom kan inte ens vattenmolekylen definieras som medveten. Men atomerna kan också aggregera på ett mer komplext sätt, till exempel för att bilda ett biologiskt "levande" väsen, det vill säga säkert begåvat med medvetande, eller åtminstone med instinkt. Mirakulöst nog föds varelser som är utrustade med medvetande från sammanslagningen av miljarder atomer utan medvetande.

Varför? Det är ett riktigt pussel. Vad kan vara lösningen? Antingen har atomerna ett medvetande, tvärtemot vad folk tror, eller så styrs de av ett medvetande utanför dem: i alla fall måste ett "pilotmedvetande" existera i aggregeringsprocessen.

Ur religiös synvinkel skulle man kunna säga att allt är förutbestämt av Gud; det medvetande från vilket alla medvetanden och alla medvetna beteenden kommer är Guds.

Vetenskapen anser dock inte att dessa metafysiska resonemang är giltiga och fortsätter sitt arbete för att upptäcka vilka mekanismer som bestämmer materiens aggregering.

Att förstå hur och varför atomer aggregerar skulle innebära att man upptäcker hur levande varelsers samveten skapas, först och främst människans, och vi skulle dra slutsatsen att samvetsbildningen sker på basis av en klart definierbar process. Detta skulle vara en process som kan överföras till en formel.

Om så vore fallet skulle "bildningen" av medvetande vara en del av en förutsägbar och repeterbar process. Därför skulle man kunna anta att det finns "standard"-medvetanden. Under dessa förhållanden skulle det en gång för alla stå klart att den fria viljan inte existerar.

Kvantfysiken utvecklar en helt annan syn, vilket Stapp utforskar i sin bok. Vi kan inte observera en partikel genom att fastställa dess position och hastighet, eller snarare, vi kan bara göra det sannolikt. Genom att upprepa mätningen flera gånger med samma data hittar vi partikeln på flera olika ställen. Inte bara det: genom att observera partikeln kollapsar vi vågfunktionen som innehåller den, så vi fastställer var den ska vara.

Faktum är att partikeln är suspenderad i ett nebulöst tillstånd tills vi, helt enkelt genom att observera den, det vill säga genom att titta på den, själva bestämmer var vi ska placera den.

Detta har omätbara etiska och filosofiska konsekvenser. Om vi, genom att observera dem, bestämmer var vi ska placera partiklarna, det vill säga om det är upp till oss att välja materiens egenskaper, så betyder det att fri vilja finns. Vi är inte längre maskiner som domineras av materia, utan varelser som kan dominera materia med vår vilja.

I en av sina många intervjuer uttrycker Henry Stapp sig så här om sin kvantteori om medvetande:

> Det är viktigt för oss, som individer och kollektivt, att korrigera den för närvarande utbredda föreställningen att vetenskapen bevisar att vi är mekaniska automater. Denna idé är baserad på klassisk mekanik, nu empiriskt ogiltig. Dess efterföljare, kvantmekaniken, representerar oss som psyko-fysiska varelser vars medvetna avsikter inte bestäms av naturens fysiska aspekter, men som ändå kausalt påverkar förloppet av fysiska händelser.
>
> Frågan som omedelbart uppstår är denna: "Vad är sambandet mellan våra medvetna upplevelser och den fysiskt beskrivna världen?".
>
> De klassiska fysikaliska teorierna som var förhärskande inom vetenskapen under 1700- och 1800-talen hävdade att varje fysisk egenskap är förutbestämd endast av tidigare fysiska egenskaper, utan någon extra "input" från medvetandet. Detta uttalande, om sant, skulle antyda att våra liv är meningslösa; det skulle reducera var och en av oss till väsentligen tanklösa mekaniska automater, oförmögna att påverka förloppet av framtida

fysiska händelser, vare sig för sin egen eller någon annans fördel.

Idag är det känt att de klassiska fysiska teknikerna i grunden är falska. Dessa förlegade teorier har ersatts av kvantmekanik. I denna teori spelar våra medvetna "fria val" en väsentlig dynamisk roll för att bestämma framtiden. Sådana val kallas "fria" eftersom de inte är begränsade av någon annan egenskap i teorin, statistisk eller på annat sätt."”

Andens energi.

Vår förmåga att observera elementarpartiklar bestämmer verkligheten av det vi observerar och vittnar därför om vår fria vilja. Men då kan vi fråga oss själva: vem är det som observerar våra partiklar för att fastställa att de exakt måste bilda vår kropp och därmed vårt medvetande? Vi, av vem observeras vi?

Finns det en observatör som bestämmer oss? Eller: finns det ett spel där vi är observatörer och observerade, skapade och skapare? Vem driver det här spelet? Eller kanske spelet föddes ur ett "incipit" som redan från början ser oss själva som spelare och domare?

Kanske är verkligheten en gigantisk Ouroboros, den mytiska draken som biter sin egen svans och bildar en cirkel utan början eller slut?

Tydligen orörlig, men i evig rörelse representerar ouroboros kraften som slukar och regenererar sig själv, den universella energin som ständigt konsumeras och förnyas. Den symboliserar därför alltings enhet och helhet, oändlighet, evighet, cyklisk tid, evig återkomst, odödlighet och perfektion.

Det är märkligt att notera hur denna symbol är närvarande i en överraskande mängd mystiska och filosofiska traditioner från varje tid och plats.

Det faktum att all materia tar form från observation innehåller en oundviklig nödvändighet: vi behöver bli observerade.

George Berkeleys motto "Esse est percipi" (Att vara betyder att bli uppfattad) är återigen belysande.

Ur denna synvinkel blir också psalmistens ord förståeliga, som vänder sig till Gud och tackar honom för att han sågs på, ja, för att han inte kunde undkomma hans blick. Inte nog med det: han erkände att Gud hade tittat på honom sedan han bildades i sin mors mage, han erkänner att den blicken gjorde honom perfekt "som ett mirakel".

David Bohm, som var son till en rabbinassistent, bad förmodligen många gånger i sin barndom med orden i Psalm 138

> "Herre, du utforskar mig och du känner mig,
> du vet när jag sitter och när jag går upp.
> Du tränger in i mina tankar på långt håll,
> du tittar på mig när jag går och när jag vilar.
> Vart ska man gå bort från din ande, vart ska man fly från din närvaro?

Dina ögon såg mig när jag fortfarande var formlös"

Under de sista åren av sitt liv fascinerades Bohm av teorierna från filosofen Jiddu Krishnamurti, född i Indien 1895. Han etablerade ett kulturellt och andligt partnerskap med honom, så mycket att de skrev boken "Där tiden tar slut" tillsammans.

Under loppet av denna vänskap kom Bohm mycket nära österländsk mystik och förvandlade sin ungdomliga önskan om att bygga ett mer rättvist samhälle (en önskan som hade fläckats av sovjetisk materialism) till en strävan mot samma mål men genom vägen för andlig tillväxt.

I samband med detta kulturella och andliga partnerskap utvecklade Bohm den tanke han uttryckte i detta citat från boken "Bohm. The Physics of Infinity" av Massimo Teodorani:

"Fältet för det "ändliga" är allt vi kan se, höra, röra, minnas och beskriva. Detta fält är i grunden det som är uppenbart eller påtagligt. Den väsentliga egenskapen hos det oändliga, kontrasten, är dess svårfångade. Denna egenskap har formen av ordet Ande, vars ursprungliga betydelse är "vind, andetag".

Detta antyder existensen av en osynlig men genomträngande energi som den ändligas manifesta värld reagerar på. Denna energi, o Ande, genomsyrar alla levande varelser, och

> utan den skulle varje organism bryta ner i sina beståndsdelar. Det som verkligen är levande i den levande varelsen är Andens energi. Denna energi föddes aldrig och kommer aldrig att dö.”

Bohm syftade på anden som förstås som världens själ, en superinblandad ordning som ligger till grund för och livfullgör alla efterföljande implikationer och förklaringar, lokaliserad på nivån av högsta frihet och som sådan fri från varje filosofisk eller dogmatisk konnotation.

Som visat i hans liv ansåg Bohm friheten som ett stort gott och strävade efter att erövra den i dess absoluthet för att kunna dela den. Han dog av en hjärtattack den 27 oktober 1992 i London och lämnade ett stort tomrum i det vetenskapliga samfundet och ett enormt arv av idéer som väntar på att utvecklas både vetenskapligt och filosofiskt.

Bibliografi

Smolin, Lee # Einstein's Unfinished Revolution. The search for what is there
Sorensen Roy # Philosophical Wonder Room
Sparzani and Panepucci # Jung e Pauli. La corrispondenza originaria:
Stanzani Maserati # Consciousness and meaning
Stapp Henry# Quantum Theory and Free Will. Springer International Publishing.
Stavros Joshua # Shamanism
Stein Murray # The principle of individuation. Towards the development of consciousness
Stenger Victor # Why Science Doesn't Believe in God. Faith's Lost Challenge to Reason
Styer Daniel # Really understanding relativity. Discovering Einstein's theory
Sun-Tzu # The Art of War
Surace Graziano # The Quantum of Challenge
Surprise Kirby # Sincronicità. Comprendere e utilizzare coincidenze significative
Tagliagambe Malinc # Jung e il libro rosso: il sé e il sacrificio dell'ego. Moretti & Vitali.
Malinc Legcutter. # Pauli e Jung. Un confronto tra materia e psiche.
Tagliagambe Silvano # Lo sguardo e l'ombra
Talbot Michael # All is one. Feltrinelli
Teilhard de Chardin # The human phenomenon
Teilhard de Chardin # The future of man
Teillard De Chardin # The place of Man in Nature
Teillard De Chardin # The singularities of the human species
Teodorani Massimo # Bohm. The physics of infinity.

Teodorani Massimo # Entanglement. The entanglement in the quantum world: from particles to consciousness.
Teodorani Massimo # The great celestial numbers
Teodorani Massimo # The atom and the elementary particles. Macro Editions
Teodorani Massimo # The creative mind. From the physical universe to intelligent life. Macro Editions.
Teodorani Massimo # Telling the universe. Popular introduction to astrophysics
Teodorani Massimo # Synchronicity. The link between physics and psyche. From Pauli to Jung to Chopra.
Teodorani Massimo # Teleportation
Teodorani Massimo # Tesla. A brillant idea
Tesla Nicola # My inventions. The autobiography of a genius
Tesla Nikola # On increasing human energy
Frank Tipler # The physics of immortality. Double day.
Tong Ziya # When you look at the world and you don't see it
Toni Paolo # Mathematical sparks. Games and competitions of creativity and logic
Tononi Edelman # A universe of consciousness
Tononi Giuio # PHI A journey from the brain to the soul
De Agostini # Illuminismo
Vaas Rudiger # Hawking. Universe, space, time
Vacca Roberto # You too are a mathematician
Vafa Cumrun # Puzzles to decipher the world
Vassallo Nicola # Philosophies of the sciences
Vidali Paolo # History of the idea of nature. From Greek Thought to Anthropocene Consciousness
Vincenzo Lorenzo # Enlightenment.
Vitebski Piers # Shamans
Von Franz Marie-Louise # Divination and synchronicity. Psychology of significant coincidences
Von Franz Marie-Louise # Fairy tales interpreted
Von Franz Marie-Louise # Psyche and matter
Von Franz Marie-Louise-ok # Psychological typology. The functions of consciousness: thinking and feeling, intuition and sensation
White John # The meeting of science and spirit. Publishing Practices.
Widmann Claudio # Introduction to synchronicity. Magi Editions.
Widmann Claudio # Synchronicities and significant coincidences. Magi Editions.
Wiener Anna # The dark valley
Wigner Eugene # The unreasonable efficacy of mathematics in the natural sciences
Wilber Ken # Quantum Issues
Wilson Edward # Wonderful Harmony

Wolf Fred # Time loops and space twists. How God created the universe. Find out why space, time and matter are closely connected
Wolke Robert # To his barber Einstein told it like this. Daily life and scientific questions
Zeilinger Anton # Einstein's Veil
Zeilinger Anton # The dance of photons
Zichichi Antonino # The irresistible charm of time. From the resurrection of Christ to the subnuclear universe
Zichichi Antonino # Infinity
Zolla Elemire # Archetypes. auras. Secret truths. Wandering Dionysus
Zoppi Giorgi0 # Cosmology with six difficulty levels

Bruno Del Medico, bloggare, författare, redaktör, specialiserad på spridning av frågor relaterade till sociala aktuella händelser och vetenskapens nya gränser. Han är författare till många texter relaterade till den senaste pandemin och till en specialiserad serie om kvantfysik och metafysik.

www.ingramcontent.com/pod-product-compliance
Lightning Source LLC
LaVergne TN
LVHW090218051026
849517LV00001B/111
* 9 7 9 8 2 1 5 5 7 3 4 9 5 *